U0281991

总主编简介

吴德星，男，山东省无棣县人。毕业于山东海洋学院，青岛海洋大学物理海洋学博士，现任中国海洋大学校长、教授。

吴德星教授现为国家重点基础研究发展规划（973计划）项目首席科学家，第十一届全国人大代表；兼任教育部高等学校地球科学教育指导委员会副主任委员，国家自然科学基金委员会地球科学部第三、四届专家咨询委员会委员，中国海洋学会副理事长、中国海洋湖沼学会副理事长等多项社会职务。

吴德星教授长期从事物理海洋学研究，曾获省部级多项奖励。2004年起享受国务院政府特殊津贴，2008年由韩国总统李明博授予“大韩民国宝冠文化勋章”。

Hello Ocean

初识海洋

李凤岐◎主编

文稿编撰/王晓 牛欣

图片统筹/陈龙

中国海洋大学出版社

·青岛·

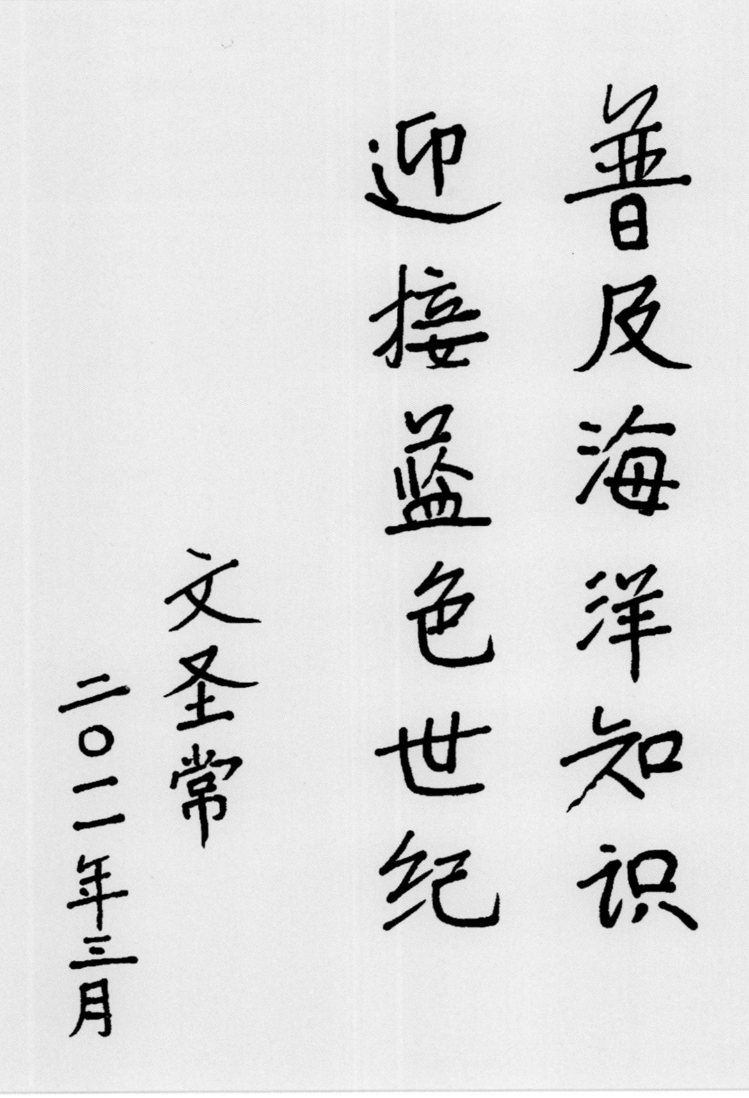

中国科学院资深院士、著名物理海洋学家文圣常先生题词

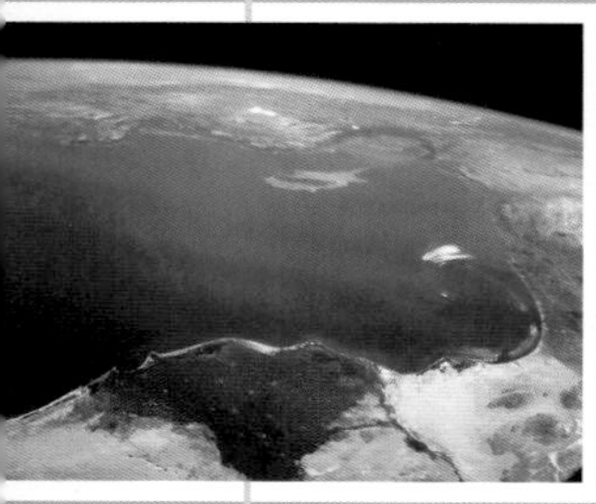

畅游蔚蓝海洋　共创美好未来

——出版者的话

海洋，生命的摇篮，人类生存与发展的希望；她，孕育着经济的繁荣，见证着社会的发展，承载着人类的文明。步入21世纪，“开发海洋、利用海洋、保护海洋”成为响遍全球的号角和声势浩大的行动，中国——一个有着悠久海洋开发和利用历史的濒海大国，正在致力于走进世界海洋强国之列。在“十二五”规划开局之年，在唱响蓝色经济的今天，为了引导读者，特别是广大青少年更好地认识和了解海洋、增强利用和保护海洋的意识，鼓励更多的海洋爱好者投身于海洋开发和科教事业，以海洋类图书为出版特色的中国海洋大学出版社，依托中国海洋大学的学科和人才优势，倾力打造并推出这套“畅游海洋科普丛书”。

中国海洋大学是我国“211工程”和“985工程”重点建设高校之一，不仅肩负着为祖国培养海洋科教人才的使命，也担负着海洋科学普及教育的重任。为了打造好“畅游海洋科普丛书”，知名海洋学家、中国海洋大学校长吴德星教授担任丛书总主编；著名海洋学家文圣常院士、管华诗院士、冯士筰院士和著名海洋管理专家王曙光教授欣然担任丛书顾问；丛书各册的主编均为相关学科的专家、学者。他们以强烈的社会责任感、严谨的科学精神、朴实又不失优美的文笔编撰了丛书。

作为海洋知识的科普读物，本套丛书具有如下两个极其鲜明的特点。

丰富宏阔的内容

丛书共10个分册，以海洋学科最新研究成果及翔实的资料为基础，从不同视角，多侧面、多层次、全方位介绍了海洋各领域的基础知识，向读者朋友们呈现了一幅宏阔的海洋画卷。《初识海洋》引你进入海洋，形成关于海洋的初步印象；《海洋生物》《探秘海底》让你尽情领略海洋资源的丰饶；《壮美极地》向你展示极地的雄姿；《海战风云》《航海探险》《船舶胜览》为你历数古今著名海上战事、航海探险人物、船舶与人类发展的关系；《奇异海岛》《魅力港城》向你尽显海岛的奇异与港城的魅力；《海洋科教》则向你呈现人类认识海洋、探索海洋历程中作出重大贡献的人物、机构及世界重大科考成果。

新颖独特的编创

本丛书以简约的文字配以大量精美的图片，图文相辅相成，使读者朋友在阅读文字的同时有一种视觉享受，如身临其境，在“畅游”的愉悦中了解海洋……

海之魅力，在于有容；蓝色经济、蓝色情怀、蓝色的梦！这套丛书承载了海洋学家和海洋工作者们对海洋的认知和诠释、对读者朋友的期望和祝愿。

我们深知，好书是用心做出来的。当我们把这套凝聚着策划者之心、组织者之心、编撰者之心、设计者之心、编辑者之心等多颗虔诚之心的“畅游海洋科普丛书”呈献给读者朋友们的时候，我们有些许忐忑，但更有几许期待。我们希望这套丛书能给那些向往大海、热爱大海的人们以惊喜和收获，希望能对我国的海洋科普事业作出一点贡献。

愿读者朋友们喜爱“畅游海洋科普丛书”，在海洋领域里大有作为！

海浪轻舞着欢歌着涌向岸边，朵朵浪花亲吻着一个站在沙滩上的孩子的脚丫，孩子戏着浪花好奇地问身边的妈妈："这就是大海吗？"妈妈沉思了一会没有回答，只是用斑斓的贝壳在阳光下光闪闪的细沙上摆了一个大大的问号。

是啊，海洋，对于一百个人来说有一百个印象：或是蔚蓝无际光彩熠熠，或是鱼虾成群生机勃勃，或是潮起潮落无风三尺浪，或是惊涛拍岸卷起千堆雪……海洋就是这样千姿百态，甚至让一般人难以给它下一个准确的定义。

海洋，确实故事多多——有也许你还不了解的深沉于大西洋底的亚特兰蒂斯的文明，有也许你还不知道的世界上最小的海的趣闻，有也许你还不晓得的地球上最长的海底隧道的壮观……海洋，实在奥秘无穷——暗藏的海流竟能托着漂流瓶周游世界，不起眼的厄尔尼诺却能搅得全球气候变化无常……海洋，就是这样富有魅力，它会使你如痴如醉。

海洋是人类的朋友，她无私地向人类奉献着自己拥有的一切，但发起脾气咆哮起来也会给人类带来巨大的灾难。那么，人类应当如何与海洋和谐相处呢？这确实是一个值得人类高度关注的问题，也许你也正在为此而浮想联翩。

打开《初识海洋》吧，将想象放飞于海空，让思绪回荡在涛间，你心中那些关于海洋的翩跹问号定会变成丰满的惊叹号！

目录
CONTENTS

目录
CONTENTS

地球家园

The Earth: Our Home

天容海色，吞吐日月。地球承载山川河岳、海洋和生命，千顷波涛奔腾不息，磅礴万物世代繁衍。借宇宙之眸，深情凝望，地球在幽暗的苍穹里显现，她是我们博大瑰丽的家园。这片阳光普照的地方，有生命的根。

从太空看地球

很久以前，人类只看到头顶一片天、足下一方地，直到麦哲伦的船队在地球上绘出一道优美的弧线，人类方恍然：地球原来是圆不是方；直到人造地球卫星升上那牵引着无数梦想的太空，人类才识得地球的庐山真面。宇宙中的地球拥有饱满而深邃的蓝，黄绿陆地块缀其间，飘逸白云添几抹诗意。就是这个美丽神奇的星球，创造生命的奇迹，这个奇迹与海洋深深结缘。

蓝色星球

借宇宙之眸凝望地球，我们会发现海洋才是这颗星球的主宰。地球表面积为5.1亿平方千米，陆地面积为1.49亿平方千米，海洋面积则有3.61亿平方千米，占据地球表面积的70.8%。人类第一个太空人前苏联宇航员加加林遨游太空后说："人类给地球取错了名字，不该叫它地球，应叫它水球。"地球上人类居住的大陆不过是点缀在海洋中的块块岛屿。水星无水，地球少地，这样看来，人类真是将水星和地球的名字颠倒了。

我们熟悉的太平洋、大西洋、印度洋、北冰洋便是"蓝色军团"的统领。关于海洋的划分，除了四大洋的说法外，还有一种说法是将海洋划分为五大洋，即在四大洋之外，再加一个南大洋——围绕南极洲的海洋，即太平洋、大西洋和印度洋南部的海域。

怎么划分并不重要，重要的是海洋相融相汇，与陆地、云层共同交织出多彩世界，孕育、佑护生命。

七分海洋和三分陆地的组合

日月流转，沧海桑田，海洋和陆地的格局经过漫长的变迁而形成。超级大陆逐渐裂解之后，咆哮的海水充溢于各陆块之间，呈现出有趣的分布特点。

除北纬45°～70°的区域以及南纬70°以南的南极地区外，几乎每一纬度上的海洋面积都大于陆地面积，南纬56°～65°的区域，几乎没有陆地。

纬度不同，海陆分布呈现出一些有趣的特点。你看，南极是陆，北极是洋；北半球高纬度区域是大陆集中的地方，而南半球的高纬度区域却是三大洋连成一片；亚欧大陆东部边缘环列着一连串花彩列岛，形成向东突出的岛弧，其外侧则是一系列深邃的海沟；大西洋两岸的轮廓互相对应，这一大陆的凸出部分几乎能与另一大陆的凹进部分嵌合。

地表海陆相间，交相辉映，演绎着地球的美。大体来看，陆地集中于北半球、东半球；海洋则集中于南半球、西半球。一般而言，可把以西班牙外海为中心的半球称为陆半球，它拥有全球约6/7的陆地，包括欧洲、非洲、北美洲、亚洲大部分以及南美洲大部分。可把以新西兰为中心的半球称为水半球，包括太平洋及印度洋的大部分。然而，因为陆半球的海洋面积仍然大于陆地面积，所以陆半球是指大部分陆地所在的半球，而不是陆地面积大于海洋面积的半球。

大洋之上，长风万里，朝阳喷彩，千里熔金。海洋奔腾不息，才有生命之子的衍变；海洋浩瀚广阔，才有人类繁荣的今天。

↑红日出海

地球表面的海陆分布

↑阳光下的海水浴场

海水是一种非常复杂的多组分水溶液，其主要成分有以Na^{+},K^{+},Ca^{2+},Mg^{2+},Sr^{2+}五种阳离子和Cl^{-},SO_4^{2-},Br^{-},HCO_3^{-}(CO_3^{2-}),F^{-}五种阴离子，以及以分子形式存在的H_3BO_3，其总和占据海水盐分的99.9%。海水中溶解有氧、氮及惰性气体等，还有与海洋植物生长有关的N,P,Si等营养元素，以及含量更低的微量元素和氨基酸、腐殖质及叶绿素等有机物质。

↑珠穆朗玛峰

海陆变迁

现在的你和婴儿时候的你长得一模一样吗？当然不会。对于46亿岁的地球来说，她的容貌也在不断变化。漂移，碰撞，挤压……沧海桑田，海洋、陆地的千回百转，演绎着一个曲折、浪漫的故事。

↑海洋

↑喜马拉雅山脉

“一时的不是一世的，永远不变的是变化本身。”这句话放在海陆变迁上亦可成理。经历了联合古陆的分离、各板块的漂移、海洋的弥漫，地球仍然不愿停歇，水退陆出，水覆陆没，几经沉浮，历经沧桑。

地壳岩层水平运动，导致巨大的褶皱山系、巨型凹陷、岛弧、海沟等横空出世。地壳岩层垂直运动，则使高原、断块山及凹陷、盆地和平原等点缀大地。

为什么中国科学工作者在喜马拉雅山所在地区考察时，会发现岩石中含有鱼、海螺、海藻等海洋生物的化石？原来，喜马拉雅山所在地区在几千万年前曾是一片汪洋大海，板块相向运动使海洋消失，大陆碰撞挤压，从而形成今天雄伟高峻的山脉。而庐山、泰山、华山则是地壳垂直运动的结果，它们是由断层形成的断块山。

地球表面的沧桑之变，海陆的交替更迭，与地质史的冰期和间冰期也密不可分。冰期时万年积雪变成大陆冰川的冰；间冰期，水流回海洋，海平面上升。

大洋形成

距今50亿年前，原始地球形成。那时，它还是生命的荒漠，只有到处喷涌的熔融岩浆在发威。随岩浆一同喷出的还有水蒸气、二氧化碳等，这些气体聚集起来，形成云层，地球上的水分不断升腾，在云层中越积越多，直到有一天，云层再也无法承受如此多的水分时，第一场雨便泻向大地，而且一下就是数百万年，于是，地面上的水在低洼处汇聚成海。那时的水量不足现在海洋水量的1/10，但在历经冰川消融和地质史上的沧桑巨变后，海洋拥有了广阔的“胸膛”，雄浑无垠。

大洋

海洋——生命的摇篮

地球是孕育神奇的地方。从大地混沌、岩浆蔓延，到那场惊心动魄下了几百万年的雨，海洋赴约。海洋是生命开始的地方。从第一个原始生命体在她体内的孕育，到一代代更高级生命的繁衍、兴旺，海洋用她浩瀚的胸膛哺育着自己的孩子茁壮成长。

生命摇篮

没有生命的地球，只是一片毫无生机的旷野，没有植物，没有动物，然而海洋在涌动，在酝酿，即将迎来意外的礼物，一切悄然改变，地球将变成生命的绿洲。

选择让生命在原始的陆地上诞生，不会是一个好主意。那时没有氧气，更不用说臭氧层了，紫外线可以肆无忌惮地直达地面，将所有生命扼杀。但海

↑生命摇篮

↑海洋生命

洋，为可能的生命体提供了庇护的场所，让第一个脆弱的小生命克服种种生存的困难繁衍下来。那么，这个小生命到底是如何诞生的呢?

它可能是大气中的原始气体——水汽、二氧化碳、甲烷、氨气、硫化氢等上升后，在紫外线、高温、雷电的作用下形成小分子有机物；雨将有机小分子们送回海洋，它们经过长期积累和相互作用自然合成为较大分子的有机物，如蛋白质、核酸；原始海洋中的蛋白质和核酸等经过衍变后，凝聚成具有原始界膜的小滴；小滴在原始海洋中又经历了漫长、复杂的进化，最终形成原始生命。它或者是在幽暗的海底，依靠地球岩浆喷涌而出的硫黄泉中的硫化氢还原二氧化碳转化成的能量来自养。世界上先有鸡，还是先有蛋？科学家们提出了种种假说，如“化学起源说”“热泉生态系统起源说”“泛生说”等等。

无论哪种假说，都无法否认一个事实：海洋是生命的摇篮，第一个生命体诞生于海洋。

现在，科学家发明了一种新的分类系统，将生物分为3个域：古菌、细菌和真核生物。

科学家认为，地球上的所有生物——从细菌到人类，从蓝铃花到蓝鲸——都源自同一种实体，一种30亿年或40亿年前漂浮在“原始汤”周围的原胞。它没有留下任何已知的化石，也没有其他证据足以鉴定其身份。它到底是细菌、古菌还是真核生物？这个问题仍在探究中。

蛋白质出现在小小的“卢卡”身体里——它因生物膜而与海洋分隔，并且拥有能够自我复制的遗传物质——它终于独立，地球生命也因这种神奇的遗传密码而生生不息。

原始汤

20世纪20年代，科学家提出一种理论，认为在50亿年前，在地球的海洋中就产生了存在有机分子的“原始汤”，这些有机分子是在紫外线、高温、雷电等的作用下由原始大气中的甲烷、氨气和硫化氢等发生化学作用而形成的。

卢　卡

地球的第一个孩子，它的名字叫卢卡（The Last Universal Common Ancestor，LUCA）。

生命史诗

卢卡像一团薄膜包裹着的微粒，通过与周围进行物质交换获得能量，在生物演变的进程中步步前行。终于有一天，原核生物中的蓝藻开创了一种新的生存方式——吸入二氧化碳，排出氧气。它们在地球上站稳了脚跟，地球也因此而改变。氧气出现，真核生物开始兴盛。

化石可以帮我们找到曾经存留世间的生命迹象，已发现的最早的化石是西澳大利亚瓦拉乌那群的蓝藻化石，距今已逾35亿年。

“海枯，石烂，日转，星移……生命的航船从太古不息地向近代进发。复原的恐

↑贝类化石

↑鹦鹉螺化石

龙、猛犸仿佛在引颈长吼，重现的远古林木多么葱茏、幽雅，你——令人叹服的大自然，高明的魔法师，卓越的雕塑家！”

海洋里有人类遗忘的遥远故事，潮起潮落，有谁能听懂她的述说？她在动情地细语生命的诞生与繁育，倾诉她所有的骄傲与爱恋。与海洋相比，人类是如此渺小，纵使人类文明再发达，技术再高超，海洋始终在我们的世界里涌动。我们拥有来自海洋最原始的生命密码，生命的激情也是最早从海洋中喷薄而出的。没有海洋的孕育和给予，地球如何成为宇宙的生命绿洲？！

“一切都在融合之中，海和岸、鱼和空气以及水和音乐，在日光之外、在梦与梦之间，有一种鱼在那里永久地盘旋。”这鱼就是人类自己，生于水，又归于水。人类与海洋休戚与共，海洋的雄浑蓬勃，是人类幸福平安、生生不息的源泉。

↓海天一色

海洋风貌

Ocean Features

彼岸寻不见，沧海无边。吮吸大海湿润的气息，这片生命勃发的乐园，时而温婉妍丽，时而咆哮喧腾，我们看不清她的面貌，把握不住她的脉搏，她让我们依恋却难以真正了解。

海与洋

口头与书面用语，一般将海和洋连称为海洋，其实海与洋彼此连通，但又有所区分。海洋的中心主体部分是洋，边缘附属部分即为海。洋的面积几乎占海洋总面积的90%，剩下的才是海的领地。洋远离大陆，广袤浩瀚；海依恋海岸，熠熠生辉。海与我们更亲近，洋则需深入其腹地方能一睹芳容。大洋深邃，平均水深超过3 000米；海的水深一般不足2 000米，有的仅数十米深。洋自成一格，受陆地影响小，透明度高，蓝莹莹的水令人如入仙境；海则亲近大陆，海水要素变化较大。

大洋彼此相通，大陆却被分隔。她们温柔地怀抱着54个海，其中，太平洋拥纳着19个海，最大的海域珊瑚海便置身其中；大西洋领走了16个海，波罗的海的海水是最淡的；印度洋拥抱了10片海域，最咸的红海足以将印度洋的盐度拉高；剩下的9片海归属于北冰洋。海与洋相融相通，团蓝簇锦荡漾，为地球增添姿色。

中国濒临的海域有4个海，即渤海、黄海、东海与南海。

性格迥异四大洋

鱼儿们做的清梦里有四大洋的故事——并不太平的太平洋、神秘莫测的大西洋、风暴凶猛的印度洋、冰封雪冻的北冰洋，四兄弟性格迥异。故事开讲，听它们娓娓道来……

↑太平洋

太平洋

亚洲、大洋洲、南极洲和美洲之间镶嵌着地球上最大的一块“碧玉”——太平洋。它的面积居四大洋之首，东西最宽处为19 000多千米，南北最长处为16 000多千米，面积约1.8亿平方千米，占地球表面积的35%，比世界陆地面积的总和还要大。

↑太平洋中的巨浪

太平洋不太平

全球约85%的活火山和约80%的地震（从所释放的能量而言）集中在太平洋地区。太平洋东岸的美洲科迪勒拉山系和太平洋西缘的海沟—岛弧系是世界上火山活动最剧烈的地带，活火山达370多座，有“太平洋火环”之称；地震频繁而强烈，亦有“环太平洋地震带”之称。

“咆哮的西风带”，是指在南半球副热带高压南侧，在南纬40°～60°附近环绕地球的低压区，终年盛行6~7级的西向风，气旋活动频繁，平均2~3天就有一个气旋经过，强气旋带来惊涛骇浪。太平洋的咆哮令人望而生畏。

“太平洋火环”和“咆哮的西风带”让太平洋并不太平。

既然太平洋并不太平，为什么美其名曰“太平洋”呢？这就不得不提到大航海家麦哲伦。麦哲伦率船队通过后被称为麦哲伦海峡的海峡时遭遇到狂风巨浪后，他们在从南美洲一直到菲律宾群岛的110天的航行期间，大风浪再也没有来骚扰他们，于是他们给这片平静、浩大的洋域取名太平洋。

深邃温暖

太平洋不仅胸怀开阔，而且深邃温暖。它是世界上最深、最温暖的大洋。

太平洋包括属海时，其平均深度为3 939.5米；不包括属海时，其平均深度为4 187.8米。世界上深度超过6 000米的海沟，在太平洋有21条；其中包括地球最低点——马里亚纳海沟，该海沟最深处有11 034米，而陆上最高点珠穆朗玛峰才8 844.43米。

太平洋还获得了世界上最温暖大洋的称号。它的海面平均水温为19℃，而全球海洋表面平均温度为17.5℃。这是因为窄窄的白令海峡阻碍了北冰洋冷水的流入，再加上太平洋热带洋面宽广、储存的热量多。不过，高温、高湿条件下也产生超低压中心，每年全球约70%的台风是在太平洋上形成的。

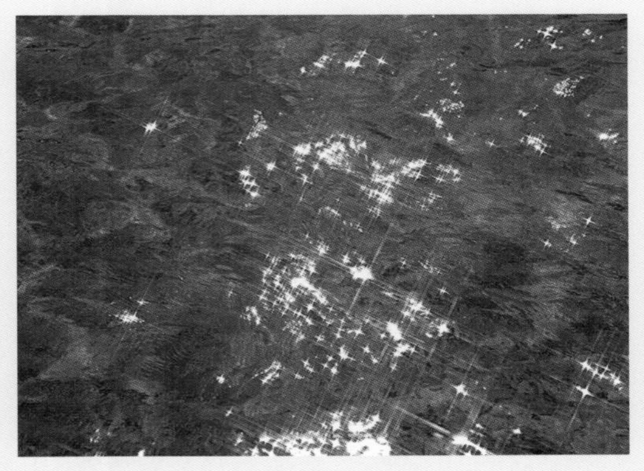

↑波光粼粼的太平洋海面

↑太平洋热带海岸风景

岛如繁星

湛蓝如天空的太平洋海面上，像繁星一样点缀着1万多个岛屿，较大的岛屿近3 000个；其中，最大的岛屿是新几内亚岛，仅次于北大西洋的格陵兰岛，为世界第二大岛。太平洋西部的岛屿，多是大陆岛屿，如加里曼丹岛。中南部的岛，多为火山岛、珊瑚岛。世界著名的大堡礁，在澳大利亚东北部沿海，绵延长达2 011千米，最宽处161千米，包括约3 000个岛礁。大洋中部的夏威夷群岛是火山岛，被美国作家马克·吐温称为“停泊在海洋中最可爱的岛屿舰队”。

↑太平洋中的岛屿

大西洋

大西洋，世界第二大洋，面积为9 336.3万平方千米，约是太平洋面积的一半。作为最年轻的大洋，大西洋不甘落后，她在不断扩张。《奥德赛》中大力士“Atlantic”顶天立地，知道世界上任何海洋的深度，并用石柱把天地分开，大西洋的名字即来源于此。大西洋本身也像大力士一样，充满力量，雄心勃勃，同时又神秘莫测，令人着迷。

从地球伤口诞生的“S”形大洋

大陆漂移学说告诉我们：美洲和欧洲、非洲曾是骨肉相连的大陆，后来，超级大陆仿佛受到重击，美洲大陆和欧、非大陆之间出现一道长长的裂口，就像今天的东非大裂谷。裂口不断拓宽加深，西面的美洲和东面的欧洲、非洲“各奔前程”，海水涌入裂口，咆哮的海水在新的海域中积蓄力量、壮大声势。时间大手也助了大西洋一臂之力，约1亿年的时间，大西洋便如此宽广辽阔，气势逼人。

大西洋中脊山峦起伏，自北部的冰岛起至南部的布维岛止，长约15 000千米，在洋底巍然耸立，山脉走向与两岸轮廓一致，呈“S”形。沿着中脊的轴部，不是连绵的巅峰，而是深深的中央裂谷。年轻气盛的大西洋跃跃欲试，想与世界第一大洋“太平洋”一比高下。大西洋长一尺，太平洋就要缩一尺，那么太平洋会被大西洋挤小吗?

美国芝加哥大学的专家对大陆将来的漂移进行了模拟推算，结论是：太平洋目前的收缩只是暂时的，随着地质变化的演进，太平洋将来可能对大西洋进行全面“反攻”。在1.5亿年之后，大西洋不仅不能挤小太平洋，反而会被太平洋挤成一个“小西洋”，甚至可能从地球上消失。

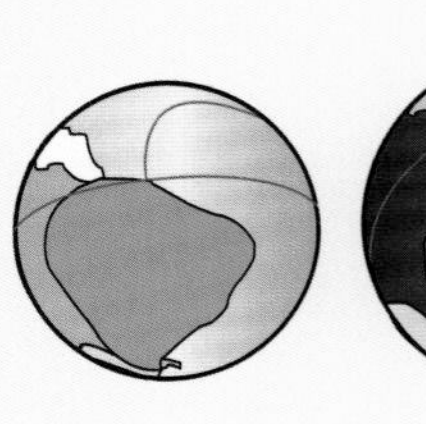

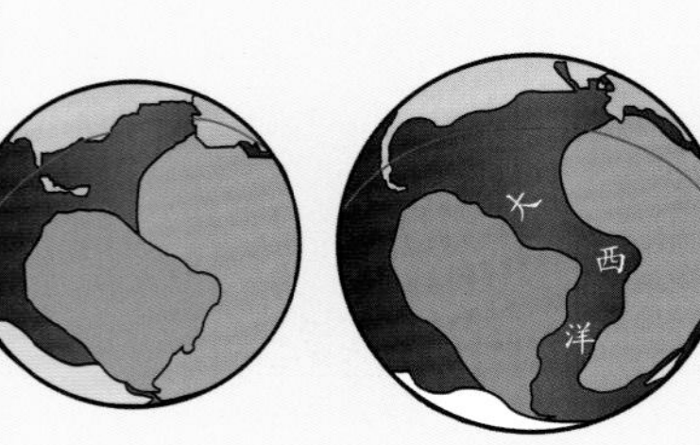

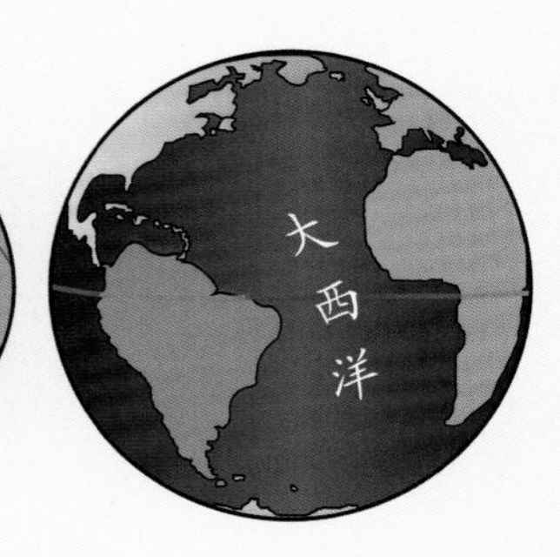

↑大西洋的演变

亚特兰蒂斯存在过吗？

亚特兰蒂斯文明一夜消失，给人类留下了千古谜团。

柏拉图在《对话录》中描绘了它：亚特兰蒂斯拥有无法想象的财富，有黄金和白银建造的神庙圣殿，文明高度发展，在向希腊进犯时，突如其来的地震和洪水将其打入海底，一夜消失。

1958年，美国动物学家范伦坦博士在巴哈马群岛附近的海底发现了一些奇特的建筑。1968年，他宣布发现了长达450米的巨大丁字形结构石墙，还有平台、道路、码头和一道栈桥。整个建筑遗址好像是一座年代久远的被淹没的港口。1974年，苏联的一艘考察船来到这里，进行了水下摄影考察，再次证明了这些水下建筑遗址的存在。这些水下石墙是不是由亚特兰蒂斯人建造的，至今尚无定论。

↑想象中的亚特兰蒂斯建筑

百慕大之谜

北大西洋的茫茫海洋中，由百慕大群岛、波多黎各、佛罗里达州南端迈阿密所围成的一片三角形海域是一个极其神秘的区域，行至这里的飞机、船只会神秘消失，这就是令人生畏的百慕大魔鬼三角。

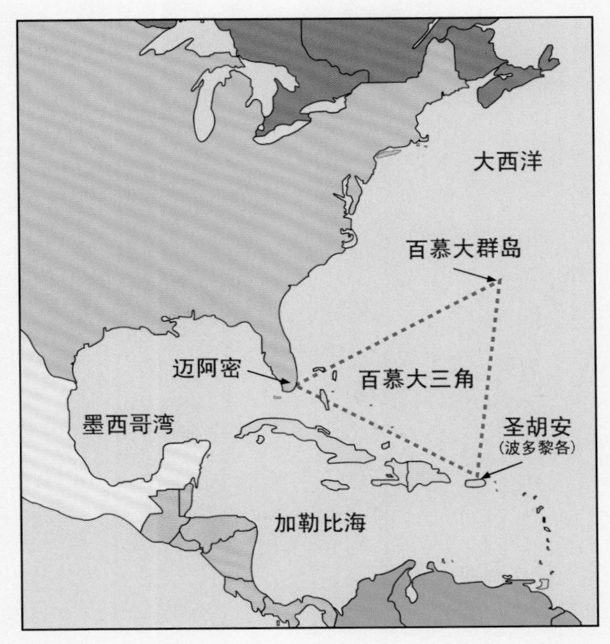

↑百慕大三角

英国“海风”号失踪8年后再现、36年前失踪的气球重新出现、前苏联潜水艇上93名船员骤然衰老、失踪24年的委内瑞拉渔民重新生还……一个个令人匪夷所思的事件让我们对这片海域充满了好奇心：难道这里真的有时光隧道？这些事件到底是杜撰的，还是确有其事？谜团至今未解，等待勇敢、智慧的人们去探秘。

勇敢者的目的地

神秘大西洋像是拥有魔力，将世界勇士吸引到这里来，甚至不把百慕大三角放在眼里。从哥伦布在巴哈尔成功登陆开始，人类前仆后继地向大西洋进发。1912年，泰坦尼克号撞冰山沉没，7年后，英国飞机不停站地成功横越大西洋。后来，独自驾机飞越、独自驾船横渡、独自游泳横渡大西洋的人层出不穷，令世人赞叹。

斑斓海底

大西洋矿产资源丰富，水产资源也很充足。世界四大著名渔场中，有两个在大西洋。大西洋单位面积渔获量达250千克/平方千米，居世界首位。大西洋海底丰饶而美丽，斑斓的海底活色生香，惊艳世人。

↑大西洋鲑

↑大西洋中新发现的生物

印度洋

2004年的印度洋海啸让人类见识了大自然的威力，也让人们重新认识世界第三大洋——印度洋。印度洋位于亚洲、大洋洲、非洲和南极洲之间，包括属海的面积为7 411.8万平方千米，不包括属海的面积为7 342.7万平方千米，约占世界海洋总面积的20%。

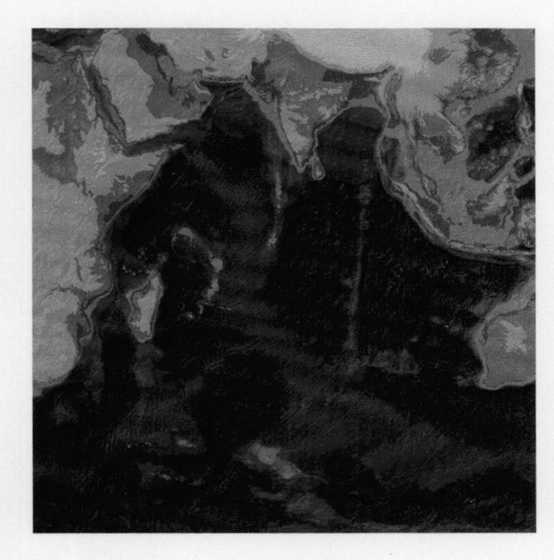

穿越历史看印度洋

你知道郑和“七下西洋”的故事吗？此“西洋”正是“印度洋”。1497年，葡萄牙航海家达·伽马在寻找通往印度的航路过程中绕过好望角来到这片广阔大洋，并将其命名为印度洋。早在公元前600年，埃及国王尼科就派海员去考察印度洋海域，但是直到现在，我们对印度洋的了解仍不及太平洋和大西洋，因为相对来说考察得较少。2004年，印度洋海啸重新将它拉回到我们的视野，对它的探究还有待于我们付出更多的努力。

好望角

最年轻的大洋

印度洋是四大洋中最年轻的。根据大陆漂移假说，在2亿多年前，今天的印度半岛、澳大利亚、南极洲和非洲的南半部是连在一起的整块大陆，被称为冈瓦纳古陆。后来，大陆破碎、分裂，其碎块——现在的印度、澳大利亚大陆、南极大陆、非洲大陆和南美大陆随板块运动向它们目前的位置漂移，洋盆因陆块漂移而发育长大，从而诞生了印度洋。

复杂多样的海底地貌

世界上最复杂的洋盆就是印度洋洋盆。有一条“入”字形的海底山脉躺在洋底，它由中印度洋中脊、西南印度洋中脊、东南印度洋中脊组成。这条庞大的印度洋洋中脊，连接着南极、非洲和印度板块，是长达64 000千米环球洋中脊的一部分。洋中脊崎岖险峻，结构复杂，切割强烈，有许多不同形状的海峰、盆地和洼地。

印度洋东部是平坦而宽阔的海盆，水深5 000～6 000米。奇怪的是，在海盆中间分布着一条与东经90°线几近吻合的海岭，称为东经九十度海岭。该海岭长4 500多千米、宽仅185千米、离海面1 800～3 000米，是迄今世界洋底所见的直线性最强的海岭。海盆东部发育了世界著名的爪哇海沟，它与苏门答腊岛、

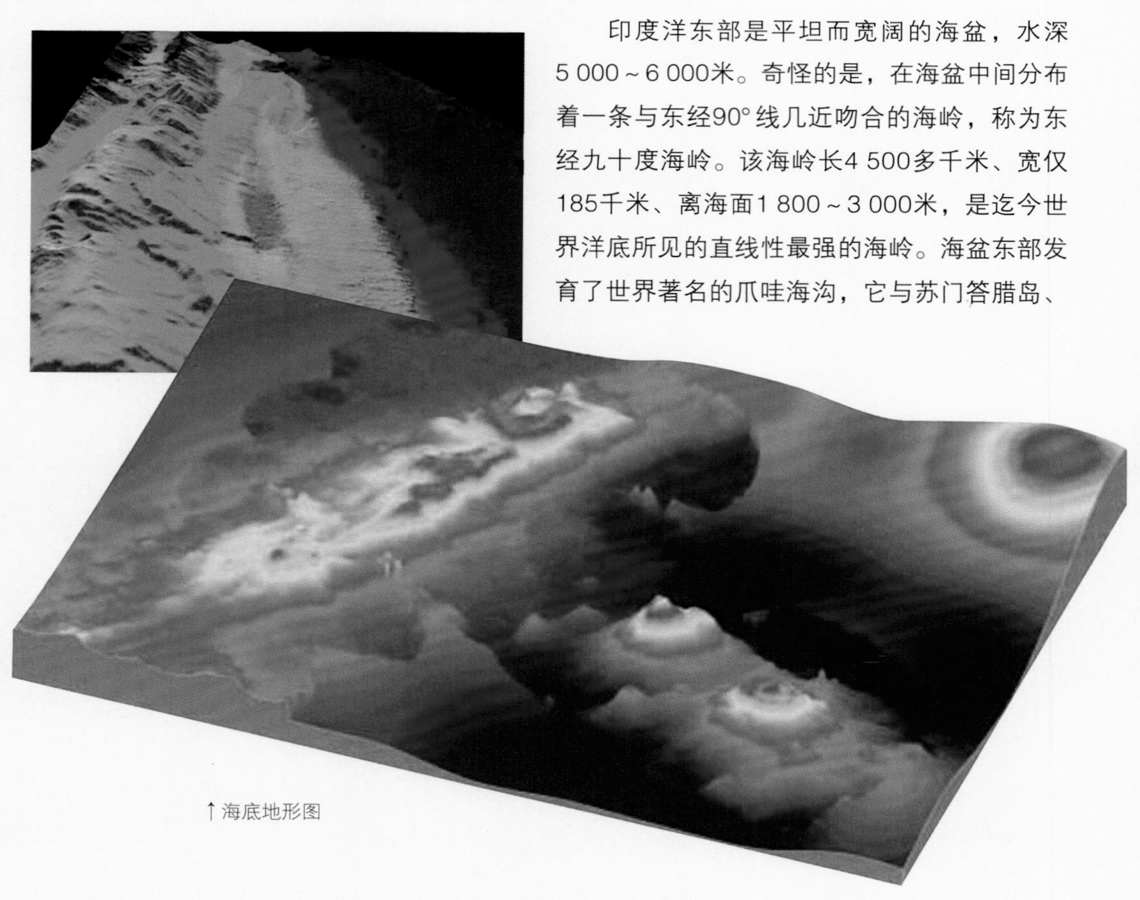

↑海底地形图

爪哇岛等构成印度洋唯一的海沟—岛弧系，也是全球地震活动和火山活动频繁而强烈的地带。

印度洋西部地形更为复杂，洋底分布着一系列断裂带、海脊、岛群和水下海台，把海底分成了许多小海盆和深海平原。印度洋北部的印度两侧海底，拥有闻名世界的大型冲积锥，又叫深海扇，其中的孟加拉深海扇号称世界上最大的冲积锥。

油气丰富，黄金油道

印度洋的边缘海埋藏着丰富的油气资源，年产量约为世界海洋油气年总产量的40%。其中的波斯湾是世界海底石油的最大产区，堪称世界的油库。波斯湾已成为许多国家的石油提供地。

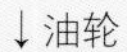
↓油轮

北冰洋

在地球的北部，有这样一片冰雪王国，其最北部一年中的近一半日子里24小时都是白昼，剩下的时光则是漫漫长夜。它上空正对着大熊星座，地表则是北极熊的乐园，那里神秘、美丽而又敏感，它的名字叫北冰洋。

北冰洋是世界上最小、最浅和最冷的大洋，是四大洋中“冷酷”的小弟弟。北冰洋大致在北极圈之内，被欧亚大陆和北美大陆环抱，借助狭窄的白令海峡与太平洋相通；通过格陵兰海和许多海峡与大西洋相连，面积仅1 500万平方千米，不到太平洋的1/10。

北冰洋原是大淡水湖？

2 000万年前，北冰洋充其量只是一个巨大的淡水湖。“这是真的吗？”是的，瑞

典斯德哥尔摩大学的马丁·杰克逊等科学家在分析了2004年从北冰洋海底采集的沉淀物后这样告诉世界：最初，北冰洋的湖水通过一条狭窄的通道流入大西洋，约在1 820万年前，由于地球板块的运动，较宽的海峡取代了狭窄的通道使得大西洋的海水流进北极圈，才成了今天的北冰洋。

冰海雪原

晶莹的融冰水、一望无际的白色冰原构成了北冰洋。冷冰冰的洋面大部分长年冰封。北极海区最冷月气温可达-40℃～-20℃，即使在暖季月平均气温也多在8℃以下；猛烈的暴风常在寒季光顾，暖季则多海雾，有些月份每日有雾，腾腾雾气给北冰洋蒙上了一层神秘的面纱，而宛如天堂焰火的北极光不仅神秘而且梦幻。

极光

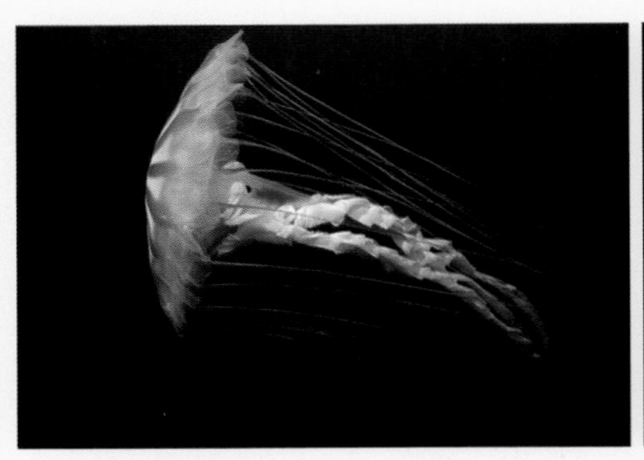

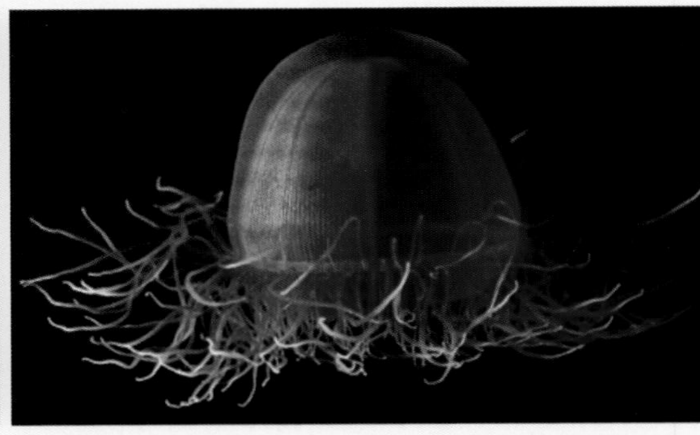

↑北冰洋中新发现的生物

↑1979年北冰洋夏季海冰覆盖情况

↑2005年北冰洋夏季海冰覆盖情况

生机盎然的北冰洋

天寒地冻阻止不了顽强的海藻的生长，以北冰洋为家的还有彪悍的北极熊、探头探脑的海豹、海象，以及狡猾的北极狐等。除了这些生物，美国国家海洋与大气管理局（NOAA）用遥控潜水器对北冰洋加拿大海盆深处进行探测，发现了很多不同寻常的奇异水母和其他新物种，如裸体蜗牛“海天使”、管水母目动物等。

北冰洋的危机

北冰洋是全球气候系统运转的巨大冷源之一，对全球大气和海洋环流有着重要和长期的影响。其中，海冰是北冰洋最活跃、易变的成分，它的变化具有明显的气候效应。

北冰洋也是对全球气候变化最敏感的地区。监测表明，北极地区气候与环境正在发生快速变化，北冰洋夏季海冰面积逐渐减小。2007年，海冰范围比2006年锐减27%，海冰覆盖面积已降到360万平方千米。

北极海冰衰退可能造成的重大影响

一方面，北极冰层对于保护地球非常重要。因为冰就像是地球的“空调”，它能够自然地为空气和水降温。同时它又像一面镜子，会将太阳辐射反射到太空中去。一旦冰雪融化，深色的海水露出表面，将会吸收更多的阳光并升温，加剧全球变暖的趋势。

另一方面，北极海冰的衰退可能引发地区冲突。北冰洋拥有地球上25%的未开发原油和天然气资源，获得这里的自然资源控制权对于任何一个国家来说都有着巨大的诱惑力。冰帽面积缩小将为更多自然资源的开发提供新的航行通道，也会带来更多的商业机会。北极已经成为包括加拿大、俄罗斯、美国和部分北欧国家争夺主权的重要地区。

精彩纷呈的大海

风会用雄心鼓起船帆，帮你实现环游世界的梦想。一路上遇到的海会让你或陶醉，或惊叹，或害怕。波罗的海的盐分到哪里去了？最浅的海是哪个？黑海是个黑小伙？珊瑚天堂到底有多妖娆？红海会成为第二个大西洋吗？

未知的精彩埋在海的梦里，梦还未瓜熟蒂落？那就请你翻开书，一起领略千姿百态的海之魅力吧！

最大、最深的海——珊瑚海

旖旎、缤纷、斑斓，都不足以表现出珊瑚海的美。平卧在太平洋西南部海域的珊瑚海给世界的不仅仅是妩媚妖娆，还有广阔和幽深，它是世界上最大、最深的海。

珊瑚天堂

珊瑚海是海洋生物的天堂，这天堂不仅阔大，而且深邃。看，澳大利亚和新几内亚以东，新喀里多尼亚和新赫布里底岛以西，所罗门群岛以南，南北长约2 250千米，东西宽约2 414千米，珊瑚海的外线围绕一圈，面积足足有479.1万平方千米，最深处达9 174米。

珊瑚海周围几乎没有河流注入，水质上乘。受暖流影响，加上地处赤道附近，全年水温都在20℃以上，最热的月份甚至超过28℃。无数珊瑚虫在此繁衍生息，它们分泌的石灰质与其死后的遗骸经数千年的堆垒增长形成了珊瑚礁。珊瑚礁又为海洋动物提供了优良的生活环境和栖息场所，鲨鱼、海龟都爱这珊瑚天堂，世界三大珊瑚礁——大堡礁、塔古拉堡礁和新喀里多尼亚堡礁周围有大量的鱼虾在嬉戏。

大堡礁

澳大利亚的大堡礁知名度最高。这座珊瑚宫殿被美国有线电视新闻网（CNN）称为“世界七大自然景观奇迹之一”，也是《海底总动员》中小丑鱼尼莫的家。1981年联合国教科文组织将其评选为世界遗产，是众多世界遗产中面积最大，可以在太空中凭肉眼看到的地方。还被英国广播公司（BBC）列为一生必去的50个地方中的第二名。

水下的珊瑚世界，五光十色，珊瑚如海底之花轻舞摇曳，吸引着世界各地的游客前来观赏。

↑珊瑚白化现象

珊瑚礁的危险

随着海水温度一点点升高，珊瑚渐渐变白。因为太热，它们退色了。

全球变暖、污染和海岸开发让美丽的珊瑚礁“花容失色”，各国纷纷采用的拖网捕鱼技术和日益繁荣的国际珊瑚贸易，让珊瑚礁面临着危机。有研究人员估计，如果人类不采取有效保护措施，100年后，世界各地的珊瑚礁将会“消失殆尽”。

倡导低碳生活，减少海洋污染，对珊瑚贸易持慎重态度，这些都是我们为拯救美丽的珊瑚海所能做的事情。

后来居上争第一的海——菲律宾海

国际海道测量组织为航海需要而划出的菲律宾海，面积和深度都比珊瑚海大，其北界为日本列岛，西界为琉球群岛、中国的台湾岛、菲律宾群岛，南界为加罗林群岛，东界为伊豆诸岛、小笠原群岛和马里亚纳群岛；面积达580万平方千米，平均水深4 100米，最大水深10 830米。如果海洋学界认可的话，它将替代珊瑚海而成为世界上最大最深的海。

袖珍之海——马尔马拉海

海阔凭鱼跃，天高任鸟飞。若告诉鱼儿们亚洲小亚细亚半岛和欧洲巴尔干半岛之间的湛蓝海域是冒险的乐园，“立志”在广阔无边的海洋里畅游的鱼儿可要考虑清楚，因为那里是世界上最小的海——马尔马拉海。

最“迷你”海

小而精致如珍宝。马尔马拉海，东西长270千米，南北宽约70千米，面积为1.1万平方千米，平均深度183米，最深处达1 355米。相对于珊瑚海479.1万平方千米的面积，马尔马拉海充其量也只有它的1/400大。

马尔马拉海的得名

“马尔马拉”在希腊语中不是“袖珍”、“小巧”的意思，而是指大理石。这是因为马尔马拉海的岛屿上盛产大理石，当地人自古便在此开采，于是就将“马尔马拉”这个名字送给了这片海。

↓马尔马拉海

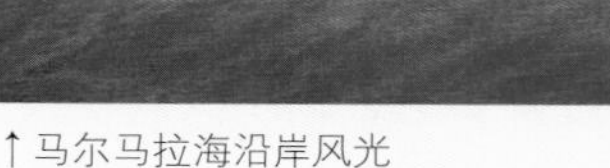

↑马尔马拉海沿岸风光

↑马尔马拉海上的航船

交通枢纽

马尔马拉海是沟通欧、亚、非三大洲的宝海，同时也是大西洋、印度洋和太平洋之间往来的便捷之道。看看马尔马拉海的坐标就一清二楚了，它东北端经伊斯坦布尔（又称博斯普鲁斯）海峡通黑海，西南经恰纳卡莱（亦称达达尼尔）海峡通爱琴海—地中海—大西洋，其余的地方被土耳其包围，是黑海—地中海—大西洋的必经之地，是欧、亚两洲的天然分界线。

火山“爆脾气”

马尔马拉海个头小，“脾气”可不小。马尔马拉海及其附近区域是世界上强地震带之一。水下地壳容易破碎，地震、火山频繁发生。

↑埃特纳火山爆发

马尔马拉海的成因

250万年前的一场地壳运动，欧亚大陆之间断裂下陷形成了今日的马尔马拉海，原先的山峰露出水面就是今天看到的岛屿。

↑王子岛

没有机动车的“王子岛”

王子岛包括9个岛，这些岛曾是拜占庭王朝流放王子的地方。在岛上可以鸟瞰马尔马拉海，美不胜收。

王子岛上没有机动车，四轮马车是大街小巷的一道风景。

↓王子岛上的四轮马车

大陆中间的海——地中海

在家居装修风格中有一种叫做“地中海式”，它具有地中海的灵魂：“蔚蓝色的浪漫情怀，海天一色、艳阳高照的纯美自然”。安静时的地中海，就是这样一个盈蕴诗意和清新，又充满活力的地方。

大陆中间的古海

地中海东西长约4 000千米，南北最宽处约为1 800千米，面积为251.6万平方千米，是世界上最大的陆间海，也是最古老的海，而它旁边的大西洋却是年轻的海洋。地中海虽已“上了岁数”，有时却会“发火”。它处于欧亚板块和非洲板块交界处，是世界上最强的地震带之一。维苏威火山即位于该区域。

庞贝古城

维苏威火山是意大利西南部的一座活火山，海拔1 281米。它在公元79年的一次猛烈喷发，摧毁了当时拥有2万多人的庞贝城。直到18世纪中叶，考古学家才将庞贝古城从数米厚的火山灰中发掘出来，古老建筑和姿态各异的尸体都保存完好，庞贝古城也成为意大利著名的旅游胜地。

↓庞贝古城

名称由来

地中海，名字源于拉丁语名“Mare mediterraneum”，意即“大陆中间的海”。该名称始见于公元3世纪的古籍。公元7世纪时，西班牙作家伊西尔首次将地中海作为地理名称。

葡萄酒色之海

爱琴海梦幻动人，是地中海东部的一片海域。春夏两季，夕阳照耀海面，海水呈现葡萄酒色，令人心旷神怡。爱琴海中岛屿小巧明丽，你可以在圣特里尼岛看最美的日落，也可以在米克诺斯岛的落日餐厅里数风车，还可以去埃及那岛看宙斯情人的住地。饱览地中海美景，品尝地中海式美食，是人生一大饕餮幸事。

地中海的“前世今生”

地中海海岸线曲折，岛屿众多，拥有许多天然良港，成为三个大陆的交通咽喉，迎送着历史长河中熙熙攘攘的船队和人群。古埃及文明、古巴比伦文明、古希腊文明的萌芽与繁盛，都受益于深情脉脉的地中海。腓尼基人、克里特人、希腊人，以及后来的葡萄牙人和西班牙人都是听着地中海涛声、用着地中海海水成长起来的航海人。

地中海不仅仅具有诗意的美，更重要的是它在承袭着历史赋予它的使命。苏伊士运河的开凿通航，使地中海东南得以与红海相通，并经红海入印度洋。从西欧到印度洋，通过直布罗陀海峡—地中海—苏伊士运河—红海这条捷径，要比绕非洲南端好望角节省1万千米以上的路程，地中海一跃成为世界上运输最繁忙的海路。

地中海式饮食

所谓地中海式饮食指的是食用大量水果、蔬菜、豆类、谷类和摄入橄榄油之类的非饱和脂肪酸；吃少量的乳类产品、肉类、鸡鸭；“适量”地多吃鱼类；用餐时喝点葡萄酒。哥伦比亚大学的研究小组曾经发表报告，指出这种饮食习惯能够减少患上老年痴呆的几率。

↑风车

没有海岸的海——马尾藻海

海离不开岸，海与岸就像唇齿，彼此相依。然而，大西洋中却流落着一片无岸之海，它孤零零没有陆地可依靠。它洁净透明，是世界上最清澈的海，但又凶险丛生，生长在其中的大量马尾藻让人望而却步。美国作家托马斯·简尼欧曾这样描述这片海域："许多沉船的废墟集合在一起，一直延伸着，就像世界上所有的沉船都躺在那儿，像一群被遗弃的伙伴……"

大西洋中的凸透镜

北大西洋的中部，北纬20°~35°、西经40°~70°之间，有一块凸透镜一样的海区，这便是马尾藻海。马尾藻海长约3 200千米，宽约1 100千米，和印度的国土面积差不多大，它的四周被洋流环绕，但这个海域海流弱，水温却高达18℃~23℃，盐度一般为37，高温、高盐再加上海流的封闭作用，使得它的海水水位比四周高，就像一块镶嵌在大西洋的凸透镜。

↑马尾藻海

最清澈的海

选一个阳光明媚的日子，假设把照相底片放在深约1 000米的马尾藻海水中，底片仍旧能够感光，因此马尾藻海堪称世界上透明度最高的海，其碧清的海水透明度竟能达60多米。这令人们对它充满向往，但在它淡然、清冽的外表下埋藏着重重危险。

马尾藻海为何如此清透？

第一，它远离大陆，得天独厚。第二，终年无风，海流微弱。其浅水层的养料几乎无法更新，浮游生物很难生存，数量比一般海区要少2/3，在这里难以找到以此为食的海兽和大型鱼类。

魔藻之海

翻开航海历史的大书，会发现有不少航海者在马尾藻海丧生。过去有关它的种种传说都把它描绘得神秘，可怕：有的说马尾藻海中有恶龙，会将过往船只拖入海中；有的说马尾藻海里有妖魔，常常施展“定身法”，将船只定住直到被风浪掀翻。

真相是该海域生长着大量马尾藻，它们在开阔水域自在地生长，长大后便会缠住螺旋桨使船舶失去控制，最终倾覆沉没。加上这里一年四季几乎不刮风。没有长风万里，帆船也就无法扬帆远航。

虽然马尾藻会给航行带来麻烦，但它也并非一无是处。首先，马尾藻对保护该海域的生态环境具有举足轻重的意义；其次，科学家还发现马尾藻及附着其上的微生物含有多种活性成分，可能为治愈癌症和糖尿病带来希望。

↓马尾藻

最咸的海——红海

红海受到东、西两侧热带沙漠的包围，闷热无比且尘埃弥漫，降雨少，蒸发量却很高，盐度曾高达41，最终成为世界上最咸的海。

↑红海

张着大口的“红鳄鱼”

红海的家在非洲北部与阿拉伯半岛之间，它形状狭长，从埃及苏伊士向东南延伸到曼德海峡，像一只长约2 100千米的“鳄鱼”趴在亚欧大陆之间。大多数情况下，蓝绿色海水泛起荧荧光辉，但为什么又被称为红海呢？这是因为该海域生长着一些微藻，它的季节性繁殖将海水染成红褐色，有时连天空、海岸都被映得红艳艳的，因而将这里的海称为红海。

↑红海之滨

↑红海中的生物

红海为什么这么咸？

如果要评选世界上最咸的海，那么非红海莫属。处在热带和亚热带地区的红海，北部年降水量仅有20多毫米，其南部也只有100多毫米，可谓滴水贵如油，但是它的年平均蒸发量却达2 000多毫米，要不是从印度洋流入红海的水量超过从红海流出的水量，红海的水恐怕早就被晒干了。但是从印度洋流入红海的也是咸水，致使红海盐度居高不下。

除此之外，红海的海底还是个大“加热炉”。因为红海是发育中的海洋，海底扩张作用使得这里热液活动强烈，渗入地壳深处的海水再返回海底时，携着大量盐分和热量泛到海水中，在带来盐分的同时也加速了海水的蒸发，红海“咸上加咸”。

红海会成为第二个大西洋？

红海这只“鳄鱼”还在不断“长大”。大约2 000万年前，阿拉伯半岛与非洲分离，红海诞生。位于非洲板块和印度洋板块边界的红海现在还在以每年1～1.5厘米的速度扩张。照这种速度扩张下去，2 500万年后波斯湾将消失，伊朗和沙特阿拉伯会碰撞在一起，红海将成为新的大洋。

如今的大西洋烟波浩渺，谁能想象它的“童年”竟与今日的红海十分相似。时间追溯到1亿年前，大西洋只是一片狭长的水带，因受海底扩张的作用，水域不断扩大，才得以呈现今天的大西洋。

1978年11月14日，北美的阿尔杜卡巴火山突然喷发，浓烟滚滚，溢出大量熔岩。一个星期以后，人们在测量后发现，遥遥相对的阿拉伯半岛与非洲大陆之间的距离增加了1米，也就是说，红海在7天中又拓宽了1米，在成为大洋的路上迈出了一大步。

↑红海的变迁

潜水天堂的危机

红海咸到极致，也美到极致。美国《读者文摘》曾如此赞叹：在红海，如果你想证明上帝存在的话……你只需有一套潜水道具便够了。因为就在海面下，有个五光十色、千变万化的世界，那是只有伟大的艺术家、全知的科学家、万能的大主宰才能创造得出的奇妙世界。

湛蓝到妩媚的海水下，色彩斑斓的珊瑚、绚丽多姿的热带鱼，令人叹为观止。潜水摄影师大卫·杜比勒这样描绘红海："在红海海底，每日每夜都非常热闹，珊瑚都在魔术般默默地有节奏地跳着舞蹈……"但是，红海中的珊瑚礁数量正在持续减少，《科学》杂志刊文警示世人：21世纪末红海珊瑚或将停止生长。红海中的珊瑚无法承受高温：红海表面温度的不断上升威胁着制造珊瑚礁的珊瑚虫。研究人员说，如果目前全球变暖趋势继续的话，那么，到2070年的时候，红海中的所有珊瑚都将停止生长。如果全球变暖趋势能够放缓，人们仍然有希望挽救红海的这些珊瑚虫。

死　海

也许有人会问：最咸的海不是死海吗？甚至不会游泳的人都不用担心自己会淹死在死海中，因为死海的巨大浮力会使人漂浮在水面上。是的，死海的咸度远大于红海，但大家忽视的一点是，死海是一个内陆咸水湖，而不是海，所以，红海才荣获"世界上最咸的海"的称号。

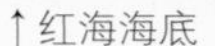

↑红海海底

↑潜水天堂

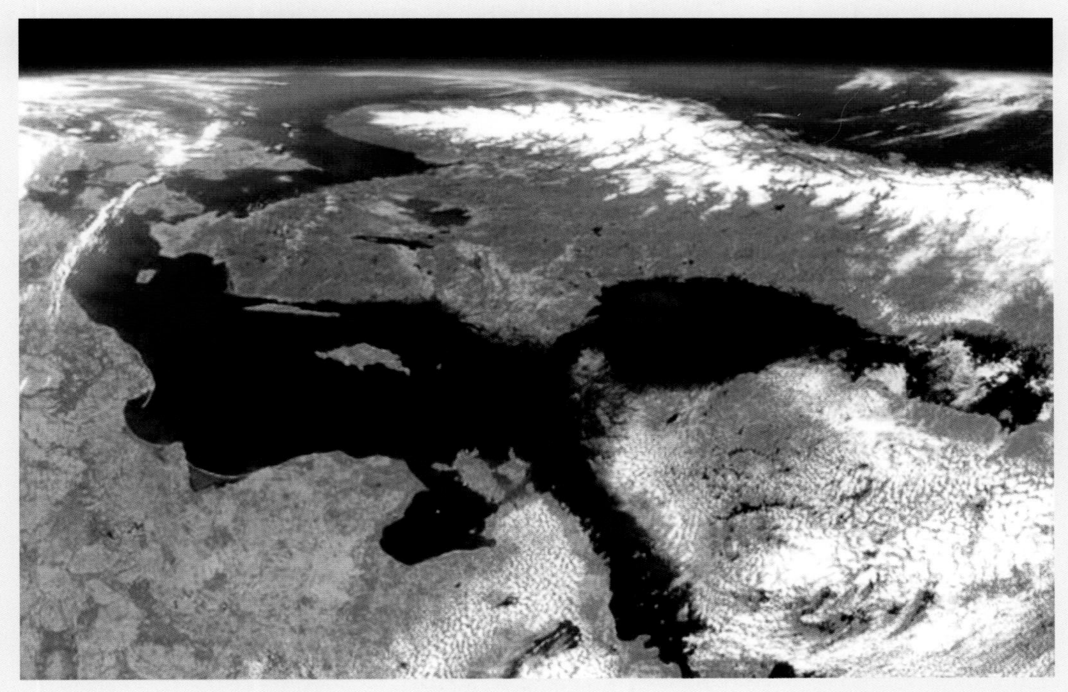

↑波罗的海

最淡的海——波罗的海

在遥远的斯堪的纳维亚半岛和欧洲大陆之间，波罗的海静卧其中。它偏居北方，生性淡然，海水盐度只有7～8。坐在海边，你会不会觉得这个世界上最淡的海里就有丹麦童话里的“海的女儿”？

波罗的海的盐分到哪里去了？

波罗的海海水盐度很低，它的盐分都跑到哪里去了?

这还要从它的诞生说起。最近一次冰期结束时，北极冰川融化，低盐度的冰水淹没了北欧等地。后来，大量的水向北极退去，剩下一些留在了低洼的谷地，形成了大海。冰水的盐度很低，加上波罗的海处于高纬度地区，阳光柔和，日照强度比红海小，照射时间也相对较短，蒸发量低，盐度很难上去。除此之外，它既有西风带带来的充沛降水，又有汩汩流入的众多河流，再加上波罗的海西部的厄勒海峡和卡特加特海峡又窄又浅，与大西洋的海水交换不畅，盐度高的海水不易进来，波罗的海海水的盐度不低才怪。

波罗的海琥珀

琥珀是时间凝聚成的美丽。波罗的海地区琥珀金黄透明，品质上乘，约占全世界琥珀总产量的90%。

传说浪漫动人，科学理性严谨。约4 000万年前，欧洲北部被大片森林覆盖，炎热的气候条件下，波罗的海沿岸的松树分泌出大量松脂。经沧海桑田之变，原始森林被海水吞没，树脂在沉积物中得以保存，经过千万年的历练，才有了今日我们所见到的琥珀。

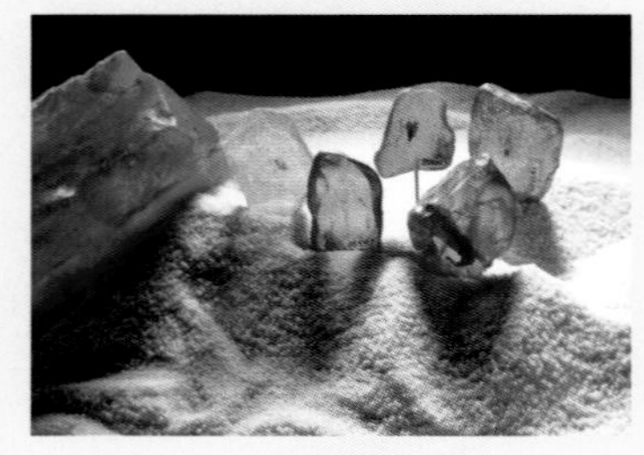
↑波罗的海琥珀

早在公元前3 500年，波罗的海琥珀便成为商品。欧洲有一条“琥珀之路”，从波罗的海出发，顺易北河南下，再沿多瑙河上行，古老的琥珀交易把许多欧洲国家联系在了一起。在罗马，“琥珀之路”还与“丝绸之路”相连，琥珀经此线路运往中国。

琥珀的传说

古希腊传说中，太阳神阿波罗之子帕耶特私自驾太阳车而遇难，他的母亲和妹妹闻讯后抱头痛哭了4个月，最后妹妹变成白杨树，她们的眼泪变成晶莹的琥珀。

北欧民间传说海的女儿有一次在途中丢失了心爱的项链，她一路流着泪回家，洒在海中的泪珠就变成珍贵的琥珀。

中国的民间传说认为琥珀是猛虎死后的魂魄变成的，又称为“虎魄”。

被污染的航运要道

波罗的海是北欧的重要航道，促进了北欧商业的繁盛，也是俄罗斯与欧洲国家进行贸易的重要通道。俄罗斯与伊朗、印度等国合作酝酿连接印度洋和西欧的“南北走廊”规划即以波罗的海为北部终点。20世纪90年代以来，往来于波罗的海的轮船越来越多。

繁荣的背后潜伏着危机，脆弱的波罗的海受到环境污染的威胁。波罗的海沿岸生活着9 000万人口，众多交通枢纽和工业企业聚集在这里，工业及农业废弃物被大量倾倒进波罗的海后，海水富营养化。加上波罗的海与外界相通的海峡窄小，同外界洁净海水交换很慢，波罗的海已成为世界上污染最严重的海域之一。

↑被污染的波罗的海

↑亚速海

最浅的海——亚速海

浅浅一泓海水，全没了大海的雄浑厚实，却多了几分小家碧玉的情调。亚速海，被乌克兰和俄罗斯南部海岸裹挟，是世界上最浅的海。

↑亚速海风光

小字辈

亚速海是海中的小字辈，它的最深处也就14米左右，平均深度只有8米，在亚速海最深处盖一座5层楼房也能看到房顶，它甚至还不如一些大河、湖泊深，不愧是世界上最浅的海。

亚速海的面积也很小，只有近3.8万平方千米。与它仅有刻赤海峡相连的黑海，却足足有11个亚速海那么大。

别看亚速海又浅又小，它的货运量和客运量却很大，附近港口有塔甘罗格、马里乌波尔、叶伊斯克和别尔江斯克。由于某些地方太浅，大型远洋航运业的发展受到制约。冰期为2月份一个月，冬天需要破冰船助航。

产鱼大户

小小的亚速海还是个产鱼大户呢！顿河和库班河等大河的流入也带来大量营养物质，亚速海里有着丰富的海洋生物。

↑鱼群

黑浪滔天的陆间海——黑海

欧亚大陆的怀抱里有一片黑色海洋，古希腊的航海家索性给它起名叫黑海。它不仅黑，而且风浪多；除此之外，它还是世界上罕见的、较淡的水和较咸的水分界较为明显的双层海。

古地中海的残留海盆

黑海是古地中海的一个残留海盆，在古新世末期，小亚细亚半岛发生构造隆起时，黑海与地中海开始分离，并逐渐与外海隔离，形成陆间海。伴着地壳运动和几次冰期变化，黑海

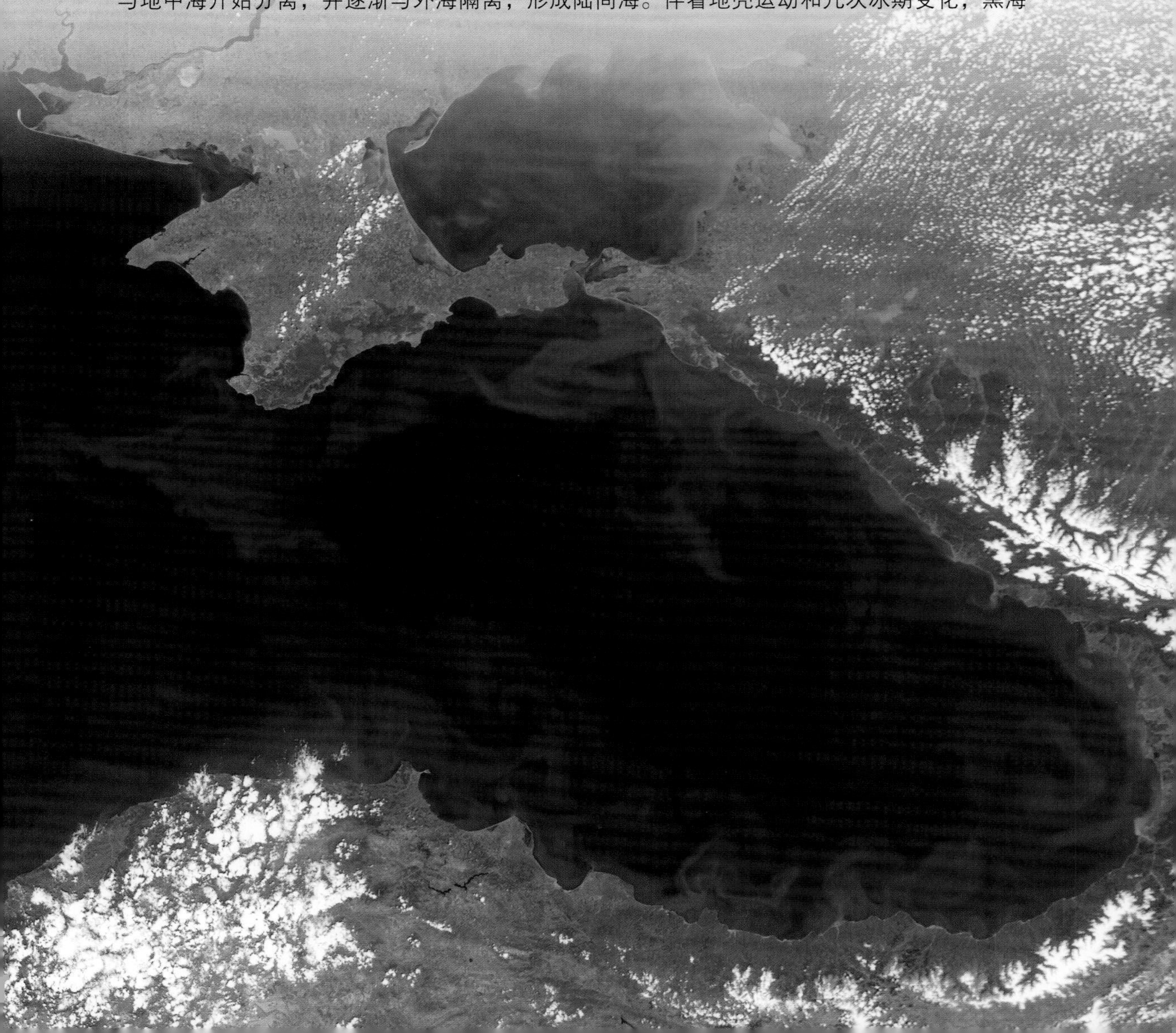

与地中海经历了“分别”和“重聚”的过程，与地中海的相连状态是在距今8 000～6 000年的末次冰期结束后冰川融化而形成的。

现在的黑海向西通过伊斯坦布尔（又称博斯普鲁斯）海峡、马尔马拉海和达达尼尔海峡与地中海相通。

缺氧的海

黑海本身很深，平均水深1 315米，最大水深2 210米。较淡的水浮在较咸的水之上，两层水的界限位于100～150米深处，深层水和浅层水之间少有交流，彻底交换一次需要上千年之久。海底生物尸体腐化分解时消耗的氧气不能得到及时的补充，水体严重缺氧，几乎只有厌氧微生物才可以生存，它们新陈代谢后会释放出二氧化碳和有毒的硫化氢。其他生物绝大部分生活在不足200米深的水层。这样便形成了双层海——上层水里有大量鳕鱼、鲭鱼等，下层水里除了厌氧微生物则鲜有鱼类。

黑海是个“黑小伙”，这是为什么呢？

首先，黑海平均每年有一半的时间会出现强烈降温的阴雨天，天色灰暗是常事，在天空映衬下，海水显得暗沉。

另外，黑海上、下水层的水几乎不交换，上层海水中生物分泌的秽物和各种动植物死亡后沉到深处腐烂发臭，大量“污泥浊水”使海水变黑了。

海水被污染也让黑海“黑上加黑”。

↑黑海局部

↑从黑海边看到的日出

海　峡

习习海风，吹褶了海洋的蓝色缎袍，撩起了条条“海上走廊”的悠长面纱。在诗人余光中眼中，浅浅的海峡是他的百味乡愁。陆地之间连接海或洋的狭窄水道，其实承载了比乡愁更多的内容。有的海峡蕴藏着丰富的生物资源，有的是繁忙的黄金水道，有的则滩多礁险不利航行。各种各样的海峡，容纳着过往的航船，含情守望着它们。

↑中国台湾海峡

最长的海峡——莫桑比克海峡

在非洲大陆东岸与马达加斯加岛之间，有一条世界上最长的海峡——莫桑比克海峡。海峡全长1 670千米，平均宽度为450千米，大部分水深超过2 000米。

海峡两岸地形多变，西北方的莫桑比克海岸，是犬齿状侵蚀海岸；东北方的马达加斯加海岸逶迤绵延，是基岩海岸，时见珊瑚礁与火山岛；南部两岸是砂质冲击海岸，多沙洲与河口三角洲；赞比西河口是独特的红树林海岸。

莫桑比克海峡处于热带，年均水温超过20℃，终年笼罩着湿热的氤氲。暖暖的东风驱动的南赤道暖流，转南流入莫桑比克海峡，这便是升腾着热汽的莫桑比克暖流。海峡少大风，除夏季偶有飓风外，较为平静。

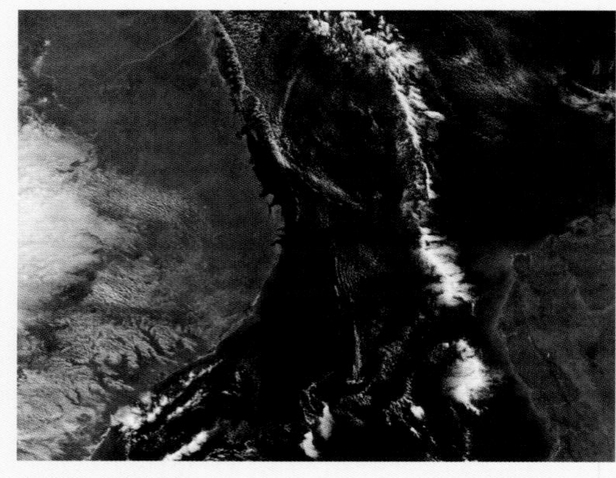

↑莫桑比克海峡卫星图

↑赞比西河

↓莫桑比克海峡

马达加斯加岛的“猴面包树”

莫桑比克海峡东部的马达加斯加岛上，有《小王子》里象征爱情的“猴面包树”。猴面包树，又称“大胖子树”。传说它来到非洲时，不听从上帝的安排，要选择在热带草原安身。上帝被激怒了，将它连根拔起，倒栽在地，从此它只能倒着在地上生长。便便大腹内贮藏的充足水分，曾解救了无数干渴的旅人，因此又被称作“生命之树”。

莫桑比克海峡是连通南大西洋与印度洋的一条交通要道，从波斯湾出发满载石油的货轮有些先经过这里，再去往欧美。若非苏伊士运河的凿通，作为欧洲由大西洋—好望角—印度洋至东方的必经之路，这里会更加纷攘、繁忙。现今，苏伊士运河承载不下的巨型货轮还需经此通过。

最深、最宽的海峡——德雷克海峡

同许多海峡一样，德雷克海峡也是得名于人物名字的海峡。然而，德雷克可不是探险家或者航海家，他是著名的海盗。

↑海盗德雷克，在英国女王伊丽莎白的支持下频繁劫掠西班牙商船，借此得授英格兰勋爵，创造了海盗最辉煌的历史纪录，有“海上魔王”之称。一次，德雷克受到西班牙军舰追捕，仓皇而逃，却在忙乱中偶然发现了这道麦哲伦海峡以外的沟通太平洋和大西洋的海峡。

位于南美洲南端与南极洲南设得兰群岛之间的德雷克海峡，长300千米，宽900～950千米，平均水深3 400米，最深处5 248米，打造了深度与宽度的两个世界之最。德雷克海峡是沟通太平洋与大西洋南部的重要通道。1914年巴拿马运河开通前，这里航船往来如织；在巴拿马运河日益拥攘的今天，它依然以宽阔的胸怀容纳繁忙的行船。德雷克海峡是南美洲至南极洲的最近海路，留下了前往南极洲人们的纷纭足迹。

处于高纬度的德雷克海峡，是太平洋与大西洋的相遇之地；海峡两侧气压差较大，南极来的干冷空气与美洲的暖湿空气交流与碰撞，造就了这里恶劣的气候。日复一日地吹刮着八级以上的大风，或见一二十米高的狂浪怒涛翻腾，从南极漂来的冰山漂浮隐现，万吨巨轮似落叶飘零，无数船只曾倾覆于深邃的大海。“杀人的西风带”“暴风走廊”“魔鬼海峡”的名称随之而来。不过，这里海水蕴含丰富的营养盐，是海洋生物的天堂。

↑德雷克海峡

→西风带

↑当年，麦哲伦坚信可以寻到通向“东海”即太平洋的路径。他沿着美洲东海岸航行时偶然闯入一个海峡，经历了风雪甚至死亡的考验，一个多月后终于通过这个曲折的海峡，进入太平洋。

最曲折的海峡——麦哲伦海峡

1520年10月21日到11月28日，麦哲伦穿越了南美洲南端与火地岛等岛屿之间长560千米、宽3.2～32千米的曲折海峡，由大西洋进入太平洋。后来，出于纪念之意，这个曲折的海峡便被称作麦哲伦海峡。

自西向东，海峡从西北—东南走向变为南北走向，再变为西南—东北走向，可谓百转千回，是世界上最曲折的

火地岛

当麦哲伦的船队航行在海峡中时，晚上曾见海峡南边的岛屿上燃烧着数不清的火柱，虽然后来证实是印第安人点起的烽火，但“火地岛”的名字便因此流传开来。

海峡。虽然在巴拿马运河开通前，麦哲伦海峡一直是沟通南大西洋与南太平洋的重要通道，但从海峡自身特点来看，麦哲伦海峡并不利于航行。峡中海水深浅迥异，最深处超过1 000米，最浅处只有20米；两岸山崖陡峭，多海岬、岛屿；海峡中漂浮着很多的海冰，常见旋涡逆流。海峡位于南纬53°，处于西风带，凛冽的西风裹挟着寒冷与水汽，使这里寒冷多雾、风急浪高。在冬季时，两岸陡壁上高悬的巨大冰柱，断裂后砸入水中，震耳欲聋的响声令过往的船只胆寒。

↑海峡岸边的企鹅

↑麦哲伦海峡沿岸风光

↑白令海峡

美亚史前交流的桥梁——白令海峡

↑维图斯·白令

丹麦探险家维图斯·白令是有记录以来第一个进入南极圈和北极圈的人。1728年，他穿越了亚洲最东端杰日尼奥夫角与北美洲最西端威尔士亲王角之间的海峡，即今日的白令海峡。

白令海峡西接亚洲东北端的楚科奇半岛，东接北美洲西北端的阿拉斯加，北通楚科奇海（属北冰洋），南连白令海（属太平洋）。海峡水道中心线一身数任，既是俄罗斯与美国的国界线，也是亚洲与北美洲的洲界线，还是国际日期变更线。

作为北冰洋与太平洋间的唯一航道，白令海峡也是连通北美洲与亚洲大陆最近的海上通道。白令

↑白令海峡中的岛屿

↑海峡中的海狮

↑白令海峡沿岸风光

海峡所处纬度较高，每年10月到次年4月的结冰期都会影响航行。在那里，刺骨的寒风携着冰冷的雪，时常弥漫天空。冬季时，气温甚至会低于-45℃，海面冰层厚度可超过2米。白色的冰雪世界里生存着御寒力较强的动物，如海豹、海狮、北极燕鸥等。

未来畅想

如果白令海峡上出现一座连接亚、美两洲的大桥，亚、美两洲的往来会更为便捷。有人设想过大桥的情形。在宽阔的海面上，全身包裹着混凝土的大桥傲视着或奔涌或冰封的海水。220个混凝土桥墩支撑着大桥，足以抵御数百万吨浮冰的撞击。海峡两边的荒凉地带配以新型公路和铁路，真正连通亚、美大陆。大桥将有三层通道，上层通车辆，中层通高速火车，底层通石油与天然气。顶层开放4个月，下两层封闭式建造全年通行。大桥会耗时数十年，耗资1 050亿美元，三层通道将共同创造效益。

↑构想中的白令大桥

“阿拉斯加”，意为“很大的陆地”

白令海峡东边的阿拉斯加州，是美国面积最大的州。由维图斯·白令在1741年发现，一度是俄国的领土，俄国毛皮商人曾在此建过村落。1867年，俄国沙皇将这块当时寒冷而荒凉的土地以720万美元的价格卖给了美国。不久以后，美国人就在这里发现了蕴藏的黄金、石油和天然气，成为“能源的源泉”。

↓阿拉斯加州风光

年通过船只最多的海峡——英吉利海峡

感受海峡

狭长的英吉利海峡，又称为拉芒什海峡，位于英国与法国之间，沟通着大西洋与北海。海峡的法语名称意为“柚子”，以状其貌。海峡长560千米，西宽而东窄，最宽处240千米，最窄处的多佛尔海峡仅34千米，因位于英国多佛尔与法国加来之间，又称为加来海峡。英吉利海峡是世界上年通过船只最多的海峡，达20万艘。曾为西欧、北欧资本主义经济发展立下了汗马功劳，享有“银色的航道”美誉。

海峡受西风带影响，冬暖夏凉，年温差小，最低气温4℃，最高气温17℃。海峡上空终年飘荡着湿热的雾气，与海水连接成片，笼罩着过往的航船。法国靠近加来海峡一带的地区，一年里有200多天是阴雨绵绵的天气。

海峡两侧峭壁耸立，峡中岛屿星罗棋布，海水携来的砂砾沉积物与岸壁崩落的碎石沉入海底。汹涌的海水一点点冲落岸边的碎石，侵占陆地，每100年会有1米的收获。

↑英吉利海峡

英吉利海峡法国沿岸

海峡畅游着数不清的鲱鱼、鳕鱼等，海底蕴藏着丰富的石油、天然气等资源。潮差显著，尤其是法国一侧沿岸，潮汐能居世界之首，全世界最大的潮汐电站就位于法国的朗斯河口。

↑法国朗斯河口的潮汐发电厂

世界最长的海底隧道

英吉利海峡隧道，即英法海峡隧道或欧洲隧道，1987年12月1日动工，1994年5月7日通车，耗资150亿美元。通车时，英国女王与法国总统分别在两岸剪彩，共同庆祝。它也是欧洲交通史上的里程碑，圆了欧洲200年的梦想。

↑英吉利海峡隧道

隧道的一端是英国的福克斯通，另一端是法国的加来。隧道总长50千米，水下长度为38千米，摘取世界最长海底隧道的桂冠。海峡间是3条平行的隧道，南、北隧道相距30米，直径均为7.6米，中间是为维修、救援之便修筑的辅助隧道，直径4.8米。未雨绸缪，中间隧道有两条纵向通道连接周边隧道，以备隧道发生故障时车辆转入另一隧道行驶。为便于维修和紧急状况下疏散人群，中间隧道每间隔375米就有连通南北隧道的纵向通道。

↑直布罗陀海峡

兵家必争之地——直布罗陀海峡

穿越海峡

从地中海经直布罗陀海峡可以到达大西洋，航程58千米。

海峡西端宽43千米，北边是特拉法尔角，南边是斯帕特尔角；向东渐行渐窄，中部宽22千米，两边分别是马罗基和锡雷斯；向东便到最窄处，仅13千米，北边是直布罗陀市（至今仍为英占），南边是摩洛哥的阿尔霍山。海峡最深处1 181米，最浅处仅50米，平均深度约375米。

船舶若从地中海进入大西洋，在来自大西洋匆匆流向地中海的海水阻挠下，有些许吃力；倘若遇到强流，还会更费力。如果在4～5月间，会遇到弥漫的茫茫大雾，甚至“伸手不见五指”，前行的路将变得扑朔迷离。

↑直布罗陀海峡卫星图

硝烟弥漫的“直布罗陀”

公元8世纪初，阿拉伯军队征战北非，占领了直布罗陀海峡南岸的丹吉尔港，塔里克·伊本·齐亚德任丹吉尔总督。711年，齐亚德横渡海峡，征战北岸，在人数不占优势的情况下大胜西班牙。获胜之余，齐亚德在登陆之处修建城堡以作纪念。城堡名为“直布尔·塔里克”，该名称在阿拉伯语中意为“塔里克山”。英帝国称霸海洋占领该地之后，直布尔的英文“直布罗陀”一直沿用下来。西班牙多年来要求收回直布罗陀，至今未能实现。

正是由于直布罗陀海峡所具有的显要战略地位，成为多次战争中的兵家必争之地。

解读海峡

船舶若从地中海入大西洋，最易觉察的是大西洋的海水流向地中海。其实，这只是峡中200米以浅海水的流向。在200米以深至海底，海水从地中海涌向大西洋。何以如此？这要从地中海高密度的海水说起。地中海在副热带高压掌控之下，夏秋季少降水而多蒸发；冬春季飘荡着来自大西洋的暖湿气流，气温不下0℃。除了埃及的尼罗河外，地中海几乎没有大河注入。造成了海水稳定偏高的盐度，平均盐度为38，东部最高达39.58，比全球海水平均盐度高3～4，致使地中海海水的密度高于大西洋。地中海海水便从下层流向大西洋。大西洋海面由此抬高，海水便从上层流入地中海。北方大气冷高压衍生的西风，也为来自大西洋的海水助阵。春季时，受地中海与大西洋海面温差的影响，上空暖湿气流汇聚，产生茫茫大雾。

↑直布罗陀海峡风光

正是因为直布罗陀海峡的存在，地中海才获得补给与生机。

↑马六甲海峡沿岸风光

最重要的洲际海峡——马六甲海峡

马来半岛与苏门答腊岛之间，有一条漏斗形状的海峡，西北头朝印度洋，东南尾向太平洋，它就是马六甲海峡。

印度洋与太平洋的交通咽喉

马六甲海峡从2 000多年前忙碌至今，繁忙程度仅次于英吉利海峡。它是印度洋与太平洋的交通咽喉，是环球航线的重要一环，也是最重要的洲际海峡。曾先后处于阿拉伯人、葡萄牙人、荷兰人、英国人的控制之下，现在由马来西亚、印度尼西亚和新加坡三国共同管辖。它在世界石油运输方面也有着重要意义，接纳了世界1/4的运油船，尤其是西亚的石油多经此运往东亚，被东亚各国视为“生命线”。

中国与马六甲海峡缘分深远

早在15世纪初，郑和便率船队浩浩荡荡穿越马六甲海峡，去往西亚和东非。在全球化趋势日益加快，中国改革开放不断深化的今天，马六甲海峡与中国的“缘”分进一步加深。马六甲海峡向东连通中国南海，位于中国与印度洋沟通的枢纽位置。中东、非洲、东南亚等地是中国石油进口的主要来源，中国有近80%的进口原油要经马六甲海峡运输。每天通过马六甲海峡的船只中，中国船只占了将近六成。随着中国经济的崛起，马六甲海峡将变得更加繁忙。

↑马来半岛风光

马六甲海峡的名称由来

马六甲海峡沿岸的马来半岛上曾有座叫做马六甲的古城。到15世纪中期，马六甲古城已从小渔村发展成马六甲王国，并统一了整个马来半岛。到16世纪初，马六甲已经有了当时威尼斯、亚历山大、热那亚等城市的规模。马六甲海峡即因马六甲古城得名。

↓马六甲海峡沿岸夜景

世界桥梁——巴拿马运河

原先连为一体的美洲大陆被拦腰截断，太平洋与大西洋不需遥相融汇，通过巴拿马运河即可相通。

美洲大陆中部的巴拿马运河横穿巴拿马地峡，贯通太平洋与大西洋，全长82千米，是世界上最著名的人造海峡，与苏伊士运河一道被称为“世界上最重要的捷径”。这个工程奇迹为人类架起了“世界桥梁”。往来太平洋与大西洋，取道巴拿马运河要比绕行美洲南端的麦哲伦海峡节省5 000～13 757千米的航程。

巴拿马运河是20世纪七大建筑工程奇迹之一。巴拿马地区复杂的地形条件与湿热的气候，使运河的开凿面临重重障碍。工人们要在炎热、潮湿、暴雨、洪水泛滥的热带雨林气候条件下施工，时时受到痢疾、黄热病等热带传染病的威胁。巴拿马运河的开凿还耗费了大量的人力和物力。“第一个吃螃蟹”的法国，在投入3亿美元后，以血本无归告终。后继的美国人基本消除了黄热病，但气候、地形与其他疾病的威胁依旧很大，期间轮换了3名工程师，花费了3.75亿美元，挖掘出2.59亿立方米土石，这样的土石方相当于在地球上凿一条直径5米连接地表与地心的通道，历经30余年才将这项浩大的工程完成。

巴拿马运河连接着多道航线：美国东岸与西岸，美国东岸与南美洲西岸，美国东岸与东亚，北美洲东岸与大洋洲，欧洲与南、北美洲西岸，欧洲与澳大利亚。其中，美国东岸与东亚间的航线最为繁忙。巴拿马运河已成为世界贸易的晴雨表，运河的繁忙程度足以反映经济的繁荣程度。汽车、石油、谷物、煤及焦炭是经巴拿马运河运输的主要货物。

↑巴拿马运河卫星图

↑巴拿马运河航道

↑巴拿马运河上的航船

↑巴拿马运河

开凿历程和归属

16世纪，巴拿马是西班牙殖民地，西班牙国王查理五世曾组织对运河开凿的测量与调查，铺就了一条鹅卵石驿道。法国于1881年动工开凿，疾病的困扰与财政的困难令其不得不于1889年停工。1903年3月17日，巴拿马未独立时，美国政府与哥伦比亚政府签订《海-艾兰》条约，欲拥有运河开凿权，但哥伦比亚国会慑于公众压力，否决了这个条约。在美国政府支持下，巴拿马脱离哥伦比亚独立后，1903年11月18日，巴拿马政府与美国政府签订《海-布诺-瓦里格》条约，美国取得运河开凿权。1914年，美国开凿的巴拿马运河宣告竣工。自此，美国一直控制着巴拿马运河。直到1964年，《巴拿马条约》签订，约定1999年美国将运河全部归还巴拿马。1999年12月14日，美国和巴拿马两国举行了运河交接仪式。同年12月31日正午时分，运河正式完全回归巴拿马政府。目前，运河在巴拿马运河管理局管辖之下，运河的行政管理、运营、保护等都是巴拿马运河管理局的事。

海　湾

“湾”字是由“弯”和“水”两字组成的，海洋学即把岸弯水曲的海域称为海湾。水曲伴岸弯，海湾的岸界是明显的，然而向海洋一侧，却不像“海”那样有明显的岛屿、群岛等与其他水域为界。

当然，因为历史或习惯等，有些海域的名称并不符合海洋学关于海湾的定义，我们也就随俗从习吧。

↑中国北部湾沿岸风光

面积最大的海湾——孟加拉湾

亚洲大陆在印度洋北部切出一个面积217万平方千米的海湾。这方海湾西靠印度半岛，东依中南半岛，北接缅甸、孟加拉国。它就是孟加拉湾，是世界上面积最大的海湾。

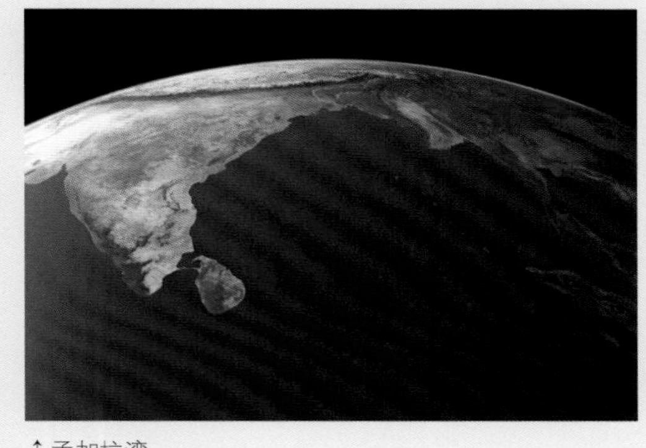

↑孟加拉湾

"U"形深海盆承托着孟加拉湾

热带低气压时常笼罩、徘徊于孟加拉湾，为这一带带来强烈的风暴。特别是4月到10月，夏季及夏秋之交，风暴常常怒吼着，与海潮一道发作，翻卷海水，向海岸奔去，扑向恒河—布拉马普特拉河河口，顷刻间，大雨倾盆，波浪滔天，危害极大。1970年，一次特大风暴使孟加拉国约30万人丧生，100多万人失去家园。

孟加拉湾的喜温生物

孟加拉湾水温25℃～27℃，盐度30～34。沿岸有多种喜温生物，如恒河口的红树林、斯里兰卡沿海浅滩的珍珠贝等。

↑恒河口的红树林区

↑孟加拉湾斯里兰卡沿海

↑墨西哥湾上的台风

最大暖流的源头——墨西哥湾

北美大陆东南部在大西洋划出一道海湾。海湾东西长约1 609千米，南北宽约 1 287千米，面积为154.3万平方千米，这就是仅次于孟加拉湾的世界第二大海湾——墨西哥湾。

↑墨西哥湾佛罗里达沿海

世界最大暖流的家

墨西哥湾东北临美国，西南接墨西哥，东南遥望古巴。墨西哥湾东出佛罗里达海峡可入大西洋，经尤卡坦海峡可进加勒比海。

至今没有任何其他地区能像墨西哥湾一样，有着如此众多重要的海洋研究中心，特别是在得克萨斯、路易斯安那与佛罗里达。整个墨西哥湾就是一个天然的实验室。种类繁多的海洋生物和优美的沿岸沙滩蕴含着无穷奥妙。蕴藏丰富石油的地质环境，吸引着众多地球物理学家的目光。频繁光顾的热带风暴也让气象学家不肯轻易错过。

四季如春的佛罗里达半岛

佛罗里达半岛温暖、湿润，四季气候宜人，是个旅游的好去处。你可以在平坦的沙滩上漫步，感受细软的沙子抚摸双脚；还可以在闻名的“迪斯尼世界”尽情游玩，流连忘返；或者去“多草的水地”大沼泽地国家公园饱览海滨美景。

↑迪斯尼世界

↑墨西哥湾沿岸风光

世界油库——波斯湾

印度洋西北部伸入阿拉伯半岛与伊朗高原之间的一方海水，便是波斯湾。波斯湾接纳了曾孕育过古巴比伦文明的底格里斯河与幼发拉底河，经东边的霍尔木兹海峡与阿曼湾相通。

↑波斯湾卫星图

石油宝库

波斯湾及其周围100千米的地域，是石油的天地，蕴藏着占世界一半以上的石油资源。世界石油出口总量的近60%来自波斯湾。波斯湾的自然条件得天独厚。温暖的浅海环境、丰富的水生动植物以及利于储存的地质构造，是石油形成与储存的良好条件。波斯湾的石油资源分布集中，发掘的油田几乎个个是超级大油田。石油多集中分布于靠近海岸的海中与陆上，不需太长的输油管便可向外运输；石油蕴藏丰富的地带地质状况优良，80%以上的油井为自喷井，节省了开采成本。

↑波斯湾沿岸风光

↑波斯湾沿岸国家城市夜景

历史上的波斯湾

追溯历史，作为重要的贸易通道，波斯湾从不寂寞。早在公元前20世纪，波斯湾就是古巴比伦文明的重要见证者。因处于交通要道，它先后被亚述人、波斯人、阿拉伯人、土耳其人控制。1506年归葡萄牙掌控，时间长达一个世纪。1625年，荷兰插足波斯湾。后来英国在与荷兰的争夺中获胜，于19世纪取得对波斯湾的控制权。第二次世界大战后的波斯湾因为蕴藏的丰富石油资源更是变得炙手可热。

战乱中的波斯湾

1991年1月17日，伊拉克与以美国为首的34个国家的多国联盟之间，爆发了一场战争。战争起因于伊拉克与科威特之间的领土矛盾和债务纠纷，以伊拉克闪电袭击、占领科威特为先导。联合国在调解无效之下，授权多国联盟反击伊拉克。1991年2月28日，战争结束，以伊拉克失败告终。这场战争之所以分外牵动西方大国的神经，与石油在经济上的重要性密切相关，两个重要产油国牵涉西方各国的利益。这场战争不仅耗费了大量人力物力，还造成了人类历史上最严重的环境污染。战争期间，发生了历史上最严重的石油火灾和海洋石油污染事故。

↑波斯湾上的美国航空母舰

几内亚湾

如果非洲大陆在大西洋上向西漂浮，直到靠近南美洲，就会发现，几内亚湾所在的西非海岸与巴西至圭亚那的南美海岸线几乎重合。这一直作为大陆漂移假说的有力证据而被反复引用。

几内亚湾石油储量丰富，分布于几内亚湾周边的10多个国家储存了约占世界10%的石油资源，这还只是目前的情况。专家预测，到2020年，几内亚湾发现的石油储量可能会增加，甚至可能超过“石油宝库”波斯湾的石油储量。几内亚湾的石油品种多样，多为低硫的高品质石油，且开发、运输便捷。

石油将使几内亚湾变得更加喧嚷。这里似乎成了“比武场”，各种势力明争暗斗。“几内亚湾是美国对外政策的重中之重”，美国及其他欧美国家的石油公司千方百计维持自身在几内亚湾的势力。韩国、印度等国也开始将手伸到几内亚湾。韩国公司曾出3.1亿美元的高价竞得编号为323的深海区块。为了保护自身的利益，外国势力需要与几内亚湾地区的本土势力斡旋；为确保安全，西方国家常常会向当地势力付一些“保护费”。

几内亚湾的名称由来

“几内亚”意为“我是妇女”。何以得此名称呢？这里有一段有趣的故事。当年欧洲探险家们初至几内亚湾沿岸时，向一位妇女询问所在国家的名字。由于语言障碍，这位妇女只好说“几内亚”，言下之意是“我是妇女，我不懂”。阴差阳错，“几内亚”被作为国家和海湾的名字，沿用至今。

↑几内亚湾卫星图

↑几内亚湾沿岸风光

哈德孙湾

北冰洋的边缘有一片伸入加拿大东北部内陆的大海湾，它北经福克斯湾与北冰洋相通，东北通过哈德孙海峡与大西洋相连，向东南伸出的部分称詹姆斯湾，是一个近乎封闭的内陆浅海湾。

雾天雪湾

哈德孙湾深居内陆，大部分处于北纬60°附近，气候严寒。年平均气温为-12.6℃，水温很低，只有在八九月份海水表面温度才达3℃~9℃，海水从10月份开始结冰，到次年夏季冰雪才会消融。哈德孙湾在大部分时间里都是一脸冰霜，海面多雾，一年有300个雾日是常有的事。

↑哈德孙湾卫星图

哈德孙湾于1610年被英国航海家哈德孙发现，为此，哈德孙付出了生命的代价。为了纪念他，人们将哈德孙这个名字送给了这片海湾。

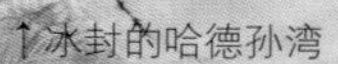

↑冰封的哈德孙湾

↑因纽特人

因纽特人

居住在哈德孙湾岸边的原住居民，自称因纽特人，意为“真正的人”。因纽特人的祖先来自亚洲，两次大迁徙后来到哈德孙湾附近。那里有零下几十摄氏度的严寒和暴风雪，人们必须直面当地恶劣的气候和严酷的环境。夏天他们在澎湃的大海上捕鱼，冬天他们在危险的浮冰上狩猎，鲸鱼、北极熊是他们需要警惕的野兽。在这样严酷的环境中生存的人，怎能不坚忍、顽强、勇敢呢?

随着时代的变迁，因纽特人从以捕鱼和狩猎为生转变为今天的现代化生活。从前住过的冰屋“伊格鲁”已不复存在，人们住上了装有下水道和暖气设备的木板房屋，狗拉雪橇也很少使用了，取而代之的是汽车。医院、学校、邮局、体育馆、警察局、市政厅、加油站、商场等随处可见，现代文明覆盖了这片曾经神秘的地域。

北极生物

哈德孙湾是北极生物的福地。鳕鱼和鲑鱼在哈德孙湾畅游，海豹、海豚、逆戟鲸和北极熊在这里悠然自得，约有200种鸟类喜爱栖息在海岸上，一些食草动物如驯鹿、麝牛等也在这里世代繁衍。

↓哈德孙湾的北极熊

↑挪威峡湾

挪威峡湾群

在北欧斯堪的纳维亚半岛西岸，海岸线万转千回，雄壮陡峭的岸壁傲视着深谷中汹涌的海水，这种冰蚀胜景就是极富魅力的挪威峡湾群——一种冰川槽谷。

“峡湾”在挪威语中意为“深入内陆的海湾”。峡湾之于挪威意义重大，挪威人认为峡湾象征着挪威的民族性格，以峡湾为荣，视其为灵魂。

峡湾之国

第四纪冰期时期，覆盖大陆的冰川向海洋运移。冰川在运动过程中侵蚀地面，切割下的泥砂石块混杂其中，使冰川的侵蚀能力更强。年深月久，将海岸侵蚀得曲折残缺，逐渐形成锯齿状的峡湾。世界上80%的峡湾分布在欧洲，其他散布于新西兰、智利等地。欧洲的峡湾主要集中在挪威，挪威又被称为“峡湾之国”。

挪威峡湾群被世界著名的《国家地理旅游者》杂志评选为保存完好的世界最佳旅游目的地。挪威有2.5万千米蜿蜒的海岸线，由北向南，从瓦朗厄尔峡湾到奥斯陆峡湾，弯转迂回，绵延不绝。峡湾内还分布有15万个大小不一的岛屿，挪威因而又称为“万岛之国”。挪威峡湾群中有世界上最长、最深的峡湾——波桑恩峡湾。

↑挪威峡湾

由于纬度较高，极昼极夜的现象较明显。8月份，早上4点钟天就亮了，而晚上10点钟天才黑。好在挪威人已经适应了这种生活，也已经养成了与之相适应的生活习惯。

挪威人过着舒适悠闲的生活，工作时间不长，生活节奏舒缓。他们通常有两处居住地。一处是城里工作的居所，一处是森林中的别墅。挪威人对红色情有独钟，喜欢穿着红衣、红裤出行，在挪威随处可见红顶的别墅。挪威人认为这样可以避免冬季极夜过于单调的颜色。

↓挪威峡湾岸边的别墅

渤海湾

河北、天津、山东、辽宁四省市从三面包围着中国的内海——渤海，渤海湾则在渤海的西部，面积为1.59万平方千米，约占渤海总面积的1/5，和辽东湾、莱州湾共同享有“中国鱼仓”和“海洋公园”的美誉，中国最大的盐场——长芦盐场也依卧于渤海湾畔。

京津门户

位于渤海西部的渤海湾，北起河北省乐亭县大清河口，南到山东省黄河三角洲，蓟运河、海河等汩汩注入，在京津的出海口，承担守护京津的重大职责，是京津的门户。自古以来，它便是海防要地，大沽炮台和北塘炮台见证了勇敢的中华儿女奋勇抗争的历史。现在的渤海湾口含天津新港明珠，那里将出现新一轮的经济腾飞。

油气宝库

渤海湾位于陆上黄骅含油凹陷的自然延伸地带，生贮油盆地面积大，第三系沉积厚，是中国油气资源较丰富的海域。

大庆油田发现后不久，中国石油勘探重点转移到渤海。1961年东营凹陷华8井喷油，揭开了渤海石油勘探的序幕。1963～1964年黄骅凹陷黄3井与港5井先后获得工业油流，发现了大港油田。1964年东营凹陷坨2井获高产油流，次年又相继钻成数口日产千吨的油井，从而诞生了渤海湾断陷盆地中第一个高产大油田——胜利油田。胜利、大港油田的发现有力地证明了在渤海这样构造复杂的地质条件下同样可以找到大油田。

↑渤海湾卫星图

↑渤海湾中的石油钻井平台

渤海是目前中国已发现石油储量最多的大型油气盆地，有三个大的油气富集带：西部的冀中凹陷带、中部的黄骅—临清凹陷带和东部的济阳—渤中—辽河凹陷带。

还我波清浪白

中国国家海洋局统计资料显示，渤海的入海排污口共105个，其中大多数属于超标排放。年入海污水量28亿吨，约占全国入海污水总量的32%；各类污染物质70多万吨，占全国入海污染物质总量的47.7%；有的地方海底泥中的重金属含量超出国家标准2 000倍。环境的严重污染使得近海的鱼、虾、蟹、贝等逐年递减，也使赤潮不请自来，在渤海频繁发生。渤海典型封闭海的特征使其无法自我净化，渤海污染治理已迫在眉睫。于是《渤海碧海行动计划》应运而生，该计划启动后，国家将投资500多亿元，实施427个项目，以加快渤海海洋环境的恢复。

海洋现象

Ocean Phenomena

潮涨潮落，“地球的呼吸”怎样形成？大洋环流，是漂流瓶得以环游世界的原因吗？浪花朵朵，带来福音，也带来灾难？海雾迷漫，模糊了谁的视线？海冰巍巍，它们和海水一样咸吗？……种种海洋现象迎合自然之理，成就了海洋的浩瀚广阔，赋予了海洋更深刻的内涵，让人不禁啧啧称赞海洋的神奇。

潮 汐

“春江潮水连海平，海上明月共潮生。”夜观月下海潮，总牵起心潮澎湃万千，生出诸如天涯共此时的祈愿，古今皆然。那“沧海”、“明月”之间，的确有某种神秘的联系，或许不是海上明月共潮生，而是恰恰相反。

其实，地球上并不只有海水会起伏涨落，人类赖以生存的大气，甚至被认为固若金汤的地球表面岩石壳，都会周期性涨落。严格来说，“潮汐”包括海潮、大气潮和地潮，只是海潮最为明显，与人们的生活息息相关，习惯上便将“潮汐”作为海潮的专称了。

↑海潮

“地球的呼吸”

中国先民早就发现了海洋潮汐现象，也曾试解其因。有人认为是一种巨大的动物进出海宫导致了海水的涨落。古希腊哲学家柏拉图猜测是地球呼吸导致了潮汐的形成。直到17世纪80年代，万有引力定律的发现，潮汐之谜才被破解。

潮涨潮落的力量之源

这种力量首先来自地球。

“坐地日行八万里”，地球自转，不舍昼夜，覆盖其上的海水受离心力的作用欲脱离地球的牵绊。

月亮与太阳也以无形之力牵引着地球，但因月亮距地球较太阳近，其引潮力是太阳的两倍多，影响较显著。

还有太空中其他星球的引力，不过，它们距地球太过遥远，引力可以忽略不计。

其实，并不是月亮与太阳给地球多少引力，潮水便承受多大的引潮力的。月亮与太阳在施予地球引力的同时，地球自身和月亮、太阳之间的相对运动派生的力会抵消掉一部分引力。所以，海水实际上所受的引潮力，是地球所受上述各种力的合力。

起伏涨落并非海水随心所欲

同日升月落一样，潮汐也自有规律。潮汐是海水周期性的涨落运动。世界上大多数海域，在大多数日子里，一天之中海水会涨落两次，中国先民将白天的称为“潮”，晚上的叫做“汐”。如果每天漫步海边观潮起潮落，细心之人就会发现潮汐每天都会迟来些许。确切地说，在正规半日潮海区，每天2次高潮2次低潮，其周期约为12小时25分钟，而高潮（或低潮）时间每天约推迟50分钟。潮汐在一月之中也有规律。农历初一或者十五，即新月或者满月的时候，太阳与月亮在地球两侧，引发大潮；初八或者二十三，即上弦月、下弦月出现的时候，太阳、地球、月亮三者的方位成直角，太阳与月亮的引潮力有一部分相互抵消，便产生了小潮。

↑海潮

↑钱塘江涌潮

↑海潮

中国涌潮之最——钱塘江涌潮

"钱塘江"为何有"涌潮"？

"千里波涛滚滚来，雪花飞向钓鱼台。"著名的钱塘江涌潮携金戈铁马之势，威武雄壮。交叉潮、一线潮、回头潮、半夜潮，种种美景不胜枚举。"八月十八潮，壮观天下无。"每年的农历八月十八日前后，太阳、地球、月亮的位置几乎在一条直线上，引潮力最大。在此期间，钱塘江便卷起千堆雪，惊涛拍岸。月亮与太阳的引力，为何只眷顾钱塘江呢？正所谓天时与地利，钱塘江还有得天独厚的地理位置、地形特点，助推着潮水伴着潮波越发汹涌澎湃。钱塘江入海口是一个喇叭形河口湾，外宽100千米，内宽仅几千米。涨潮时，大量海水迎江水而上涌，层层翻腾，汇集于狭窄的河口处，潮位陡升，势不可挡；又兼水下多沙坝，也为潮水的涌进增加了阻力，于是后浪赶前浪，势力更威。这一带的东南风也"兴风作浪"，助长着涌潮的气势，钱塘江涌潮终成壮观之景。

世界上潮差最大的地方——芬迪湾

芬迪湾的名字，源于葡萄牙语，意为"深深的海湾"。

或许，静坐海滩，观潮来潮往，感受浪花之吻，是极惬意之事。不过，你若来到大西洋西北部加拿大的芬迪湾，就万不可掉以轻心了。如果说钱塘江涌潮是中国之最，那么芬迪湾潮差则是世界之最。芬迪湾的潮水蕴蓄着巨大的力量，平均潮差为10米，还曾出现过21米高的潮差。这是因为芬迪湾最得日月之眷顾吗？可以顺着钱塘江大潮的思路探索下去，原来潮水起伏之大或者说潮差之大，还有其他力量暗中相助。芬迪湾的地形特点类似杭州湾，它位于加拿大新斯科舍省与新不伦瑞克省之间，尾朝东，湾口向西，状似喇叭，虎视眈眈地欲吞进大量海水。对此的确不可小觑，它一次可吞入1 000亿吨的海水，这可超过了全球淡水量的总和啊。然而，涌入的海水难免会后悔，因为它们总得在半个潮周期内退回。于是，重潮叠浪，潮势惊人。也有研究者指出，其潮差特别大可能缘于海湾的长、宽尺度与潮周期相关而引起的“共振”。

↑芬迪湾潮起时风光

潮汐中的生命

潮汐蕴含着巨大的能量，不仅人类可以将其转化为所需的电能，很多生物更在潮汐的一起一伏中获得生命的动力。潮间带的生物有牡蛎、贻贝、虾、蟹等。

↑芬迪湾潮落时风光

潮差，是指在一个潮周期内，相邻高潮位与低潮位之间的水位差值，又称潮幅。

海 流

海洋奔腾不息，流淌的海水要去往何方？海洋深处的涌动是有迹可循的，它使海洋充满了“活力”。各种各样的海流，携带着所经之地的热量或营养物质，影响着气候和海洋环境，给人类的活动带来了影响。

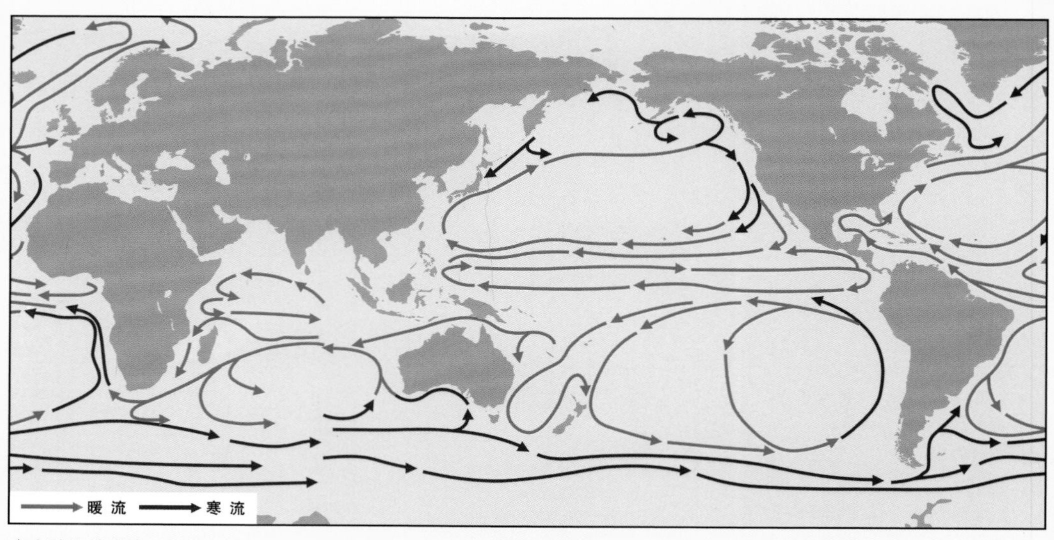

↑全球海流分布

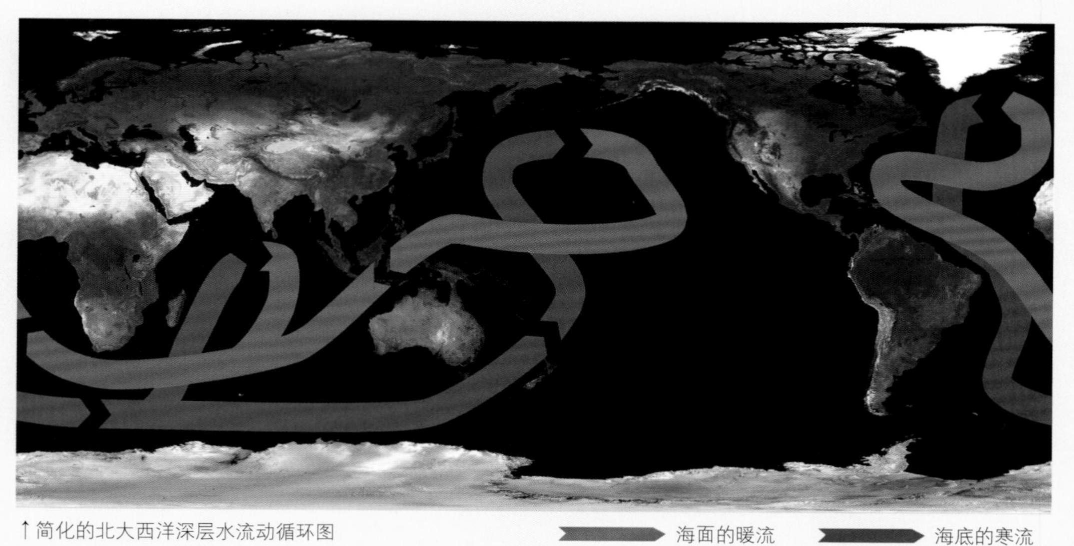

↑简化的北大西洋深层水流动循环图

海面的暖流 海底的寒流

海　流

海流，或者说洋流，在海洋内显示出大体稳定的路径；当然，路径多种多样，动力也不一而足。海水在热辐射、蒸发、降水等作用下形成不同的性质，在风力、地球自转偏向力、引潮力等的牵引下，发生大规模的流动。

如果是风呼唤海水，海水随风而流动，这种海流叫做风海流或漂流。风可以赋予深度几百米内的海水以动力，撼动千米深大洋的“外衣”。

温度和盐度是影响密度的因子，密度成就了海水压力状况。如果海水在密度差异产生的压力之下流动，地球自转偏向力必发挥作用，这种海流叫做密度流，或地转流。

海水随物赋形、后波逐前浪，水体是连续不断的。在水平或垂直方向有海水流走之后，即有海水相继而来补充，这便形成了补偿流。

海纳百川，在河川径流入海处，海水随之流动，称作河川泄流。

横看成岭侧成峰，海流还有其他识别方式。倘若一支海流为流入地带来浓浓暖意，是暖流；反之，海流温度低于所流入海域，则是寒流。若凭海流出现位置不同，还有表层海流、深层海流、陆架流、赤道流、东西边界流等之别。

海流，为海洋和人类带来了什么?

影响气候

寒流为流经地区带来丝丝凉意和干燥的气息，暖流为所经区域带来融融暖意和潮湿的空气。世界最寒冷的气息从极地随着洋流奔向赤道，最炎热的气息从赤道随着洋流涌向极地，由此实现了地球的冷热交换、热量平衡。地球上影响气候最显著的海流要数黑潮与墨西哥湾流。

营造鱼类乐园

海水流动，运输海水中的营养物质，成就着世界著名的渔场。当寒流和暖流相遇、交汇，海水翻涌，大量营养物质随之而来，吸引鱼类在此聚集、生存。而两种相异的海流各自为营，可以阻碍鱼类自由出入，使鱼群集聚，如纽芬兰渔场和北海道渔场。补偿流也可为鱼类带来丰富的食物。例如，秘鲁寒流离岸后，产生上升的补偿流，上升的海水携带着丰富的营养物质，浮游生物大量繁殖，是鱼类的乐园，著名的秘鲁渔场得以形成。

鱼类乐园

影响航行

当年哥伦布从欧洲航行去美洲，用22天走完一条较长的路线，而走另一条较短的路线却足足用了37天。时间上的差别如此悬殊，绝非只是船速不一，主要还是洋流使然。

↑帆船在海上航行

顺流而行，船会加速；逆流而往，则会减速。哥伦布在走较长路线时，顺加那利寒流、北赤道暖流、墨西哥湾暖流而行，借海流之势，船行变快。而在走较短路线时，与北大西洋暖流逆行，用时便长。此外，船行至寒流和暖流的交汇处，或遇海雾，或逢海流携带着的冰山，都会影响航行。

净化或扩散污染

海流可以将一地的污染物带至别处，有利于减弱原地污染的影响和改善环境；但从另一方面，也会造成污染物的传播和扩散。

↓墨西哥湾石油泄漏后污染已扩散

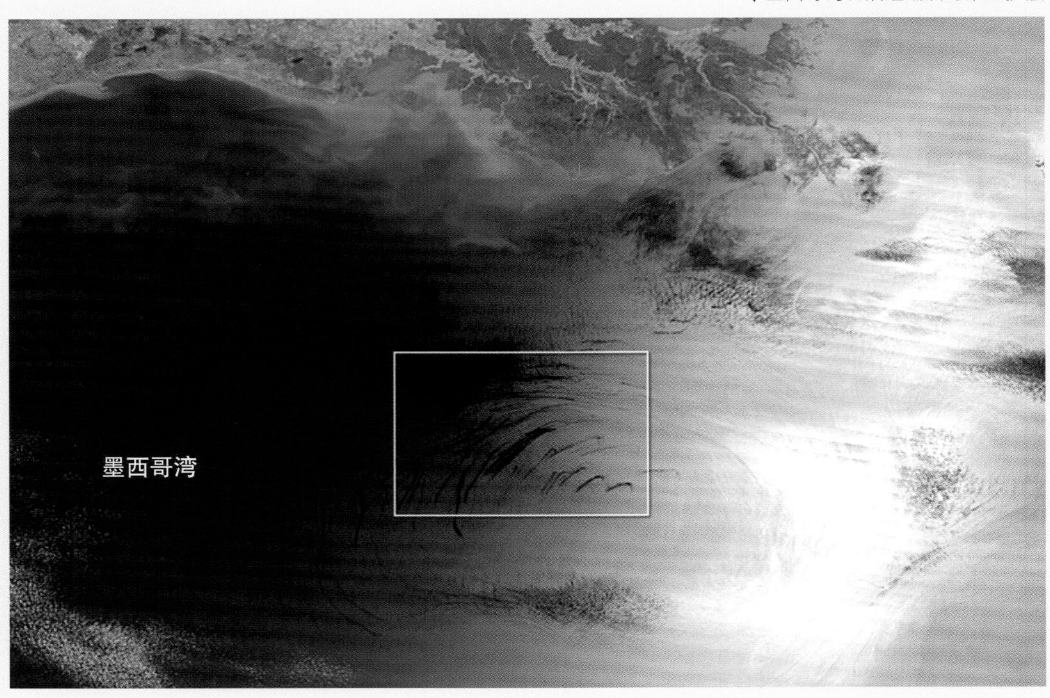

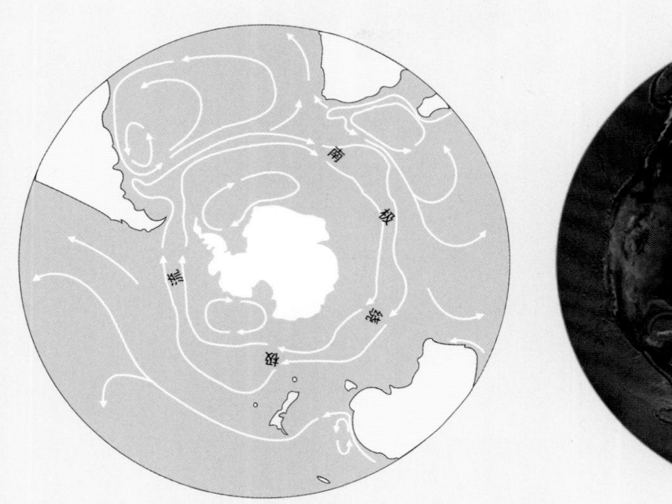

↑南极绕极流

↑墨西哥湾流

全球最强大的海流——南极绕极流

在寒冷的南极大陆周围，环绕着一股全球最强大的海流——南极绕极流，也称南极环极流。在广袤的南大洋上，南纬35°～65°之间的区域，是南极绕极流的势力范围。而这也是西风带的范围，西风驱动着海水自西向东流转，南极绕极流也被称作西风漂流。这一纬度完全是海的天地，太平洋、大西洋、印度洋南部的海水随着这股海流畅快流转，回环往复。南极绕极流的强劲之处不仅在此，尽管流速并不是最大的，流量却极为可观。一般风海流随深度增加运动减慢的特征在此并不明显，南极绕极流牵动的海水极其深厚。

日夜奔涌的海流是一道热量交流屏障，横在南极大陆与温暖海水之间，南极大陆遂在地球之隅自顾自地演绎那永久的寒冷。

全球最强劲的暖流——墨西哥湾流

跨入热带海域，可以寻找全球最强劲的暖流。

神秘的加勒比海与墨西哥湾，是大西洋北赤道暖流和圭亚那暖流的汇聚地，它们汇聚后从佛罗里达海峡重新出发，称作佛罗里达暖流，之后它又与自东南而来的安的列斯暖流会合，共同沿北美大陆架北流，至美国东海岸的哈特勒斯角处变为东北向流，这是狭义的墨西哥湾暖流。在盛行西风吹动下，又转为东向流；至北纬40°、西经30°处，海流分为两支，其一流向北欧海域，为北大西洋暖流，最终可入北冰洋，另一沿西非海岸南下可回赤道。这股源于墨西哥湾、横穿大西洋、进入北冰洋的海流便是世界上第一大海洋暖流——广义的墨西哥湾流，亦称湾流、墨西哥湾暖流。

墨西哥湾流全长约5 000千米，宽度100～150千米，厚度700～800米，最深达4 000米，最大流速约220厘米/秒。它气势磅礴，流量居世界暖流之首，流势最凶处流量为1.5亿立方米/秒，相当于全球江河径流总量的120倍。

在当今海洋领域，墨西哥湾流成为海洋动力学研究的重要内容。墨西哥湾流流程曲折、复杂，弯曲、漩涡中暗藏奥秘，进行更加深入的研究对于掌握海况、渔业资源和污染物排放等都具有重要意义。

黑潮暖流

地球上重要暖流的“家”都在赤道，它们蜿蜒流向高纬海域，曲折流淌，一路变幻风采。在太平洋，北赤道流西行遇菲律宾吕宋岛，分成为南、北两支海流，而向北的一支便成为全球第二大暖流——黑潮的源头。

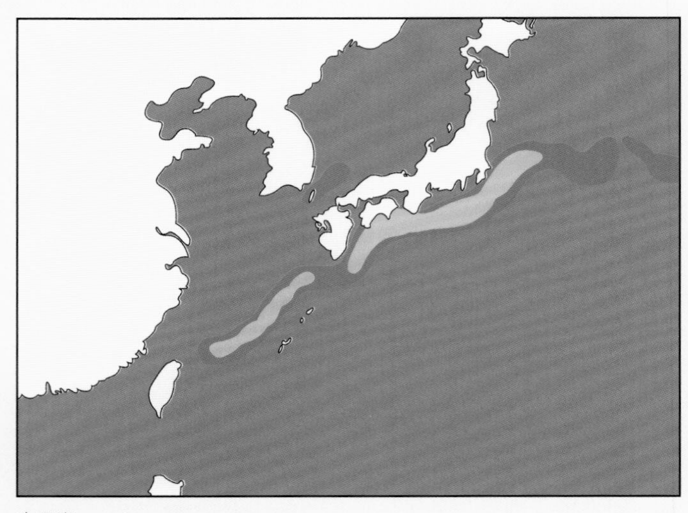
↑黑潮

携赤道的湿热之气，一路播撒。黑潮水温夏季可达30℃，即使在严寒之冬，也不下20℃。温度高出途经海域水温6℃～7℃。加之海水清澈，可以吸收更多的太阳辐射，黑潮成为一股天然的暖气管道。温暖的海水滋润着流经之地，惠及中国东部沿海地区。黑潮的分支黄海暖流，为中国黄、渤海地区带来如春暖意，秦皇岛沿岸海水因此终年不冻。若暖意袭人的暖流与寒气逼人的寒流相遇，形成海洋锋面，海水会躁动不安，而来自寒、暖流的营养物质汇集于此，浮游生物大量繁殖，利于形成渔场。中国有“天然鱼仓”之誉的舟山渔场便和黑潮分支台湾暖流与沿岸海流交汇有密切关系。

波　浪

"高树多悲风，海水扬其波。"如果说潮汐是地球的呼吸，波浪或许是海洋情绪的不时释放，它的产生更具偶然性。

↑波浪

浪花朵朵

观看潮汐需要等待一定的时间，感受海流需要在想象中俯视地球，而有一种海洋现象是在不经意间就可邂逅的，它就是海浪。海水时常涌动着，层层叠叠，翻卷浪花朵朵。

海洋中的“花朵”

风浪，是因风而起的海洋中的一种波动现象。具体说来，风拂海水，水质点离开原平衡位置，做周期性运动，导致海面此起彼伏；海水波动，波纹传播开来，似海洋开出“花朵”。风动海水，花瓣渐渐舒展，海水随风涌动，波长几十厘米到几百米不等；海水叠涨，花朵越升越高，波高一般几厘米到数米，有时也可高达几十米；海浪层层接续，花朵阵阵开放，周期0.5秒至几十秒。

海水波动状况不尽相同。风直接推动海水，花朵竞放。海面波浪骤起，波面陡峭，生出不同波浪，且海水在风大浪高之时，波峰出现浪花与大片泡沫。一般来说，风力越持久，“花朵”越繁盛，直到繁盛的极致，即为风浪。

为进一步描述海浪，根据波高不同，将风浪分为10级。0级风平浪静，海面平滑如镜；3级浪高0.5～1米，浪花轻卷；5级时浪高3米，威力增强；7级时浪高9米，大海怒吼；9级浪高14米，海洋雷霆大发。

初为风浪，在风停息或者转向后海水会惯性波动，海浪传出风区还会继续行进。这

↑波浪

种海浪，波形趋向规则，波列变得整齐，相邻波峰间的距离拉长，波面较为光滑，与正弦波相似，是趋于平缓的海浪。此为涌浪。

万不可小瞧涌浪，它的传播极快，有时涌浪到达海岸几天后风暴才到达。它还能长途跋涉，可从南极大陆附近不远万里到达美国加利福尼亚西海岸。

风浪或涌浪前行中如果遇到海岸，就会发生变化。由于海岸的阻挡作用，且近海岸海水变浅，海浪迎岸而上，波速减慢，波浪堆叠，波峰后侧平缓而前侧陡峭。波长减短，波峰线受力弯转，渐渐平行于水深线。在海岸的碰撞下，海水翻卷、碎裂、倒流，或跃上海岸继续前流。这是海洋近岸波。

“无风不起浪”。海浪因风而起。例如，在南、北半球西风带附近的海域，强劲的风牵起汹涌的波涛，使这里的海水长久处于不宁静之中；而在南、北半球副热带无风带以及赤道无风带海域，风力较小、风向不定，水波不兴，海面较为平静。

“无风三尺浪”。虽说海浪因风而起，但的确无风也能翻起三尺浪。除了力量最初得之于风而惯性行进的涌浪和海洋近岸波外，还有一些海浪也与风无关。天体引力、海底地震、火山爆发、大气压力变化、海水密度分布不均等都会引发海洋波动，这样形成的海啸、风暴潮、海洋内波等现象在广义上都可称为海浪。

海浪的影响

海浪时而美丽，时而凶险，威胁着航船。有海难记录的近200年来，全球有100多万艘大中型船舶被巨浪打入海中。海浪常常从船侧面发力，将其掀翻。有时，航船头与尾正好处在波浪的两个相邻波峰上，中部悬于波谷上方，万吨巨轮会断为两截。还有一些时候，船舶航行在多个波峰与波谷汇集在一起的海面上，船低首行至波谷，波浪突然高腾扑向船只，波高甚至可达30米，船只因此受损甚至沉没。海浪在平静中突袭，人们形象地称这种海浪为“睡浪”。近海石油钻井平台也常遭遇海浪袭击，据报道，巨浪已吞没了世界上60余座石油钻井平台。

↑风浪

海浪发电

海浪的确威力无比，海水运动的动能与海浪起伏的势能，加起来相当于到达地球外侧太阳能的一半。能量如此巨大，可以作为资源利用吗？答案是肯定的。事实上，可以利用海浪涌动以及海水压力的变化发电。1977年曾有人计算过全球可用来发电的海浪能，约25亿千瓦，近于潮汐能。与潮汐能、风能等相比，海浪能的开发利用较为落后，但因为其潜力巨大，人们对其进行研究和开发利用的热情很高。从20世纪70年代开始，对于海浪发电装置的研发就一直在进行。目前，全世界有近万座海浪发电装置在运转。

↑海浪发电装置

“疯狗浪”

从“疯狗浪”这个名字便可猜测到这种海浪的凶猛。“疯狗浪”是中国闽南地区的渔民为一种巨浪所起的名字。这种巨浪有时以暴烈而持续不断的力量冲撞海岸，威胁人们的安全。又有一些时候，在突袭海岸之前毫无征兆，海面与平常无异，甚至海水还会退回一截，当它以迅雷不及掩耳之势涌来时，岸边的人就会因躲闪不及而被海浪吞入腹中，即使水性好的人也难逃劫难。

辽阔的大洋上，风暴肆虐，海水疯狂搅动，风浪排山倒海。海浪接受风馈赠的力量，将其转化为波浪能，海水顺次传播，风浪变为涌浪。涌浪一往直前，渐渐地波高降低、波长与周期拉长、波速加快。等到长波临近海岸，波高持续变低，人们不易发觉，“疯狗浪”便在此掩护下悄然而至。海浪奔向海岸时，在水深迅速变浅的情况下，海水受到阻挡，波速减慢，波长减小。向前的力转化为向上的力，波高便急剧增大。波高升到一定程度，波峰舞出一个后弯的弧度，成为惊涛拍岸的“拍岸浪”。“拍岸浪”以波群的形式出现，连绵不断地拍打海岸。一般而言，威力最猛的海浪在一个波群中间出现。“疯狗浪”便是许多波群中的大浪之一，是随机出现的巨浪。

↑“疯狗浪”

海　雾

“红瓦绿树、碧海蓝天”的青岛还有一重缥缈之美。每年4～7月，春夏交替，雾气弥漫，海与天蒙起面纱，一切景物亦真亦幻。

笼罩于海上或海岸区域的雾气与海有关。在海洋影响下，空气中的水蒸气凝结且在低空聚集的现象，称作海雾。

水蒸气围绕粉尘等凝聚核凝结为细小水滴、冰晶或两者的混合物，徘徊、飘悬于低空，使能见度小于1千米。海雾能吸收各种波长的光，呈乳白色。春暖花开时分，是海雾到来的季节，细密的水珠飘浮着，阻隔人们的视线，相隔几米，也可能“视而不见”。

姿态各异的雾

平流雾

平流雾是因空气平流作用在海面产生的雾，是空气与海水共同作用的结晶。

平流冷却雾：暖气团掠过冰凉的海面，水汽遇冷打了个寒噤凝结为细微的水滴，汇成茫茫大雾。这种雾称为平流冷却雾，又称暖平流雾，或简称平流雾。此类雾浓郁，笼罩范围广，弥漫时间久，能见度小。夏季，北太平洋西部的千岛群岛和北大西洋西部的纽芬兰附近海域，多有平流冷却雾光顾。

平流蒸发雾：温暖的海面上，水分子欢快地蒸发，空气中水汽渐趋饱和。一股冷气团忽然拂过海面，冷化温暖的水汽，雾便产生了。这种雾称为平流蒸发雾。暖气只在低层空气下层逗留，愈往上愈冷，所以平流蒸发雾的雾层并不厚，也不浓密，只是笼罩范围较大。来自极地的冷空气飘至附近相对温暖的海面，多产生平流蒸发雾；冰山附近的海区也多现此雾。

海雾中的水滴为何不像雨一样降落？

海雾中的水滴其实是在降落的，但因雾滴小而轻，降落速度很慢，便似停留在空中了。组成雾的水滴、冰晶直径在10微米左右，约为水滴的1/1000，每分钟约降落1厘米。无风的天气，雾滴便在空中飘荡。

混合雾

冷季混合雾：肆虐的风暴经常为海面带来降水，这些水滴经蒸发重新变为水汽，空气中浮动的饱和或渐趋饱和的水汽，若恰好遇到高纬度飘来的冷空气，就会受冷凝结成迷蒙的大雾。这种雾称为冷季混合雾，多在冷季出现。

暖季混合雾：与冷季混合雾的成因相似，情形却相反。风暴带来了降水，这些奔向海面的水滴蒸发，空气中水汽近于饱和或者饱和。暖空气从低纬度飘来，较热与较冷气团汇合产生的雾，这种雾称为暖季混合雾，多在暖季出现。

辐射雾

浮膜辐射雾：在港湾或近岸海面上，常有由油污或悬浮物结成的薄膜。逢晴天黎明时分，因辐射冷却作用会使薄膜附近的水汽冷却成雾。这种雾称为浮膜辐射雾。

盐层辐射雾：浪尖上泡沫飞舞，一部分水蒸发为水汽，而留下的盐分在湍流中形成盐层。夜幕笼罩，盐层因辐射冷却将附近水汽凝成雾披在身上。这种雾称为盐层辐射雾。

↓海雾

冰面辐射雾：冷季高纬度的海面常有冰块漂浮，在冰面上由于辐射冷却而形成的雾，称为冰面辐射雾。

地形雾

岛屿雾：水汽流过岛屿上空，在此过程中冷却而成的雾称为岛屿雾。

岸滨雾：海岸附近的雾，在夜间随着陆风飘至海面，到了白天又随海风来到陆地，这种雾称为岸滨雾。

↑海雾

与中国有关的海雾

在中国，海雾的脚步随时间推移从南踏向北，以平流冷却雾为主。

南海海雾：1月份时，南海出现海雾。2、3月份是海雾浓郁弥漫的季节，每月雾日有2～5天。4月份的时候雾渐消散，等到5月份以后便几近消逝。南海海雾多集中于两广地区和海南沿海，以雷州半岛东部居多。

东海海雾：3月份东海出现海雾，4～6月份最盛，7月份消散。以长江口至舟山群岛海域最为典型，年均雾日约60天。福建与浙江温州间海域的海雾集中出现在4、5月份，舟山群岛海雾出现在6月份，中心区雾日多达15天。

黄海海雾：4月份，海雾来到黄海，驻足更久，蔓延更广，会一直持续到8月份，游遍整个黄海海区。黄海南部7月份雾浓，黄海北部8月份雾多。成山头附近海域最甚，平均一年83天雾气缭绕，有“雾窟”之称。

渤海海雾：5～7月份是渤海起雾时节，雾气东多西少，以辽东半岛和山东北部沿海为主。

世界其他地方的海雾

世界最著名的雾区大多处于平流冷却雾控制之下。

北大西洋纽芬兰岛附近的海雾：纽芬兰岛附近海域终年雾气弥漫，尤其在春、夏季节，茫茫大雾笼罩在北美圣劳伦斯至纽芬兰附近的海域。雾不仅浓而且分布范围广，跨越南北20

个纬度，向东触及冰岛海面，整个北大西洋北部的欧美航线都处在一片迷蒙之中。纽芬兰附近海域是墨西哥湾流与拉布拉多寒流交汇之处，暖湿空气拂过从高纬度而来的冰冷海水，形成平流冷却雾。

秘鲁沿岸的海雾：秘鲁沿岸多雾，秘鲁首都利马一年中有8个月是雾的天地。秘鲁人巧妙地利用雾气收集网将雾转化为水，于是浓浓大雾成为滋润这里干旱土地的甘霖。秘鲁沿岸位于南太平洋副热带高压区，炎热干燥，秘鲁寒流流过使沿岸低层空气冷却，产生大雾。因为气流稳定，水汽无法上升，虽有大雾却不易致雨。

高纬度的平流蒸发雾：北冰洋与南极洲沿岸冰山、流冰附近海域及其他高纬度海域，冷季多薄而淡、炊烟状的平流蒸发雾。春秋时节，中高纬度某些海域，平流蒸发雾与平流冷却雾交替出现，汇成迷茫大雾。

海雾助战的故事

美国独立战争期间，在纽约长岛附近，英国曾重创美军，并将其重重包围。美军生死存亡之际，一天夜晚突降大雾，将长岛围得密密实实。华盛顿借此机会率军突破重围，扭转了战局。

↑海雾

海 冰

海冰是海洋的“皮袄”，这个皮袄同其他海洋现象一样有多副面孔。它是航船的敌人，在不经意间面露狰狞；它是巨大的宝藏，蕴藏丰富的淡水资源；它还是北极熊等极地生物的朋友，这些生物与海冰相依相伴。

海冰是什么

海冰是海水结成的冰，即咸水冰。广义的海冰指海洋中所有的冰，包括来自湖泊、河流的河冰和自冰川脱落的冰山，以及咸水冰。

海水如何变成海冰？

众所周知，纯水在0℃会成冰。但海水因为有盐分等杂质，结冰时的温度相对较低，一般为-1.8℃。在海水结冰过程中，水冻结，盐分和气体大多会逸出。而来不及逸出的盐分和气体就被裹在冰晶里，成为“盐泡”和“气泡”。所以，海冰由淡水冰晶、作为盐泡的卤汁和气泡组成。水面以下结成的冰是水下冰，或称潜冰，海底凝成的冰叫做锚冰。因为海冰密度没有海水大，这些冰会漂浮在海面上。

冰冻三尺，非一日之寒。海冰最初细而薄，呈针状或薄片状，后逐渐聚集、凝结，再经受风吹浪打、海水冲积，成重叠冰、堆积冰，最终成为厚厚的冰山。

海冰和海水一样咸吗？

一方面，海水盐度越大，结成的海冰盐度也越大。另一方面，海冰盐度还取决于结冰时盐分逸出的数量。结冰速度越快，留给盐分逸出的时间就越短，留在海冰中的“盐泡”就越多，海冰的盐度就越大。当上层海水成冰的速度快于下层海水时，盐度随海冰深度增加而降低。另外，在夏季时，海冰会部分融化，使一部分卤汁逸出，盐度也会降低。极地很多年岁较大的冰，盐度几近于零。

海冰承受力有多大？

其实，盐度越小，冰内空隙也越小，冰能承受的重量就越大。盐度低的海冰较盐度高的海冰坚硬，淡水冰比海冰抗压力强。一般来说，海冰的抗压力是淡水冰抗压力的75%。海冰要结到7厘米厚，人才能在其上行走。冰越年轻，坚硬度越大。冰的温度越低，越坚硬。

1969年渤海有一次特大冰封期，解救船只时，曾向60厘米厚的冰层投放30千克的炸药包，冰层都未被炸破。

海冰种种

初生冰：当气温降到海水冰点，海水徐徐成冰。一开始是针状或薄膜状的小冰晶，渐渐聚集，演变为糨糊状或海绵状的冰。这种冰称为初生冰。当雪落在温度近冰点的海面上，能直接凝成糨糊状的冰。

尼罗冰：在初生冰基础上，海面披上约10厘米厚、有弹性的薄冰外衣。这个外衣并不牢固，易受外力影响弯曲变形，撕扯成长方形碎冰块。这种冰称为尼罗冰。

饼冰：无数碎冰块在外力作用下，熙攘着彼此碰撞、摩擦、挤压，逐渐失去棱角、边缘翘起，成为直径30厘米到3米不等、厚约10厘米的圆冰盘。这种冰称为饼冰。风平浪静的海面，初生冰能跨越尼罗冰阶段生长为饼冰。

初期冰：冷冷的气温使尼罗冰继续凝结、壮大，使饼冰们互相牵手、紧紧偎依，海面披上厚10～30厘米的灰白色冰衣。这种冰即为初期冰。

一年冰：初期冰变厚至30厘米到3米，最多存在一个冬季。这样的冰就是一年冰。

老年冰：如果海冰坚强地度过至少一个夏季，便是老年冰。它的外表较一年冰要显得平滑。

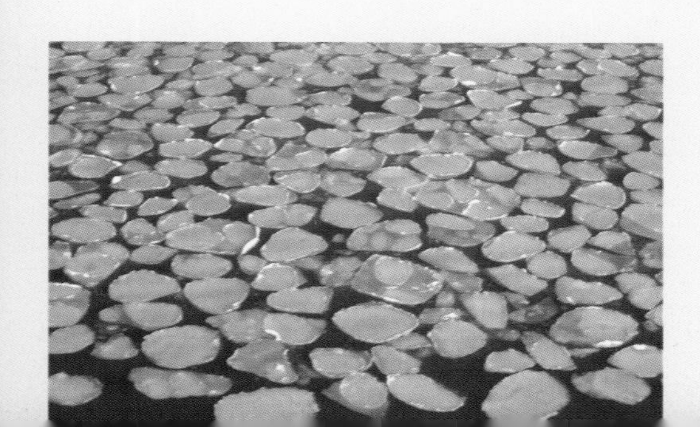

海冰还有动、静两种不同的存在方式。

固定冰：固定冰是依偎海岸、岛屿或海底、大陆架凝结成的海冰，可以由海岸向海面延伸。由于与海岸亲密相依，固定冰不会随风和海流漂走。

浮冰：也叫做流冰，是在海面上漂浮的冰。浮冰无根无所，因此会在风或海水运动作用下随波逐流。众多浮冰相逢相聚成为堆冰，如果堆冰在旅途中遇到固定冰，可能会变为固定冰的一部分而结束漂泊的生活。

海冰的影响

海冰可促进上、下层海水的对流和交换。

结冰时，海水密度发生变化，上、下层海水得以对流、混合。同时，海水将携带的独特水文性质向所到之处传播，实现水文要素的趋匀分布。表层海水带着丰富的氧气沉向下层，下层海水携着充裕的营养盐类来到上层。营养丰富的海水哺育了大量浮游生物，由此变为海洋生物的天堂。因此，极地海域海洋生物资源丰富，如南极闻名遐迩的磷虾与鲸鱼。

海冰

海洋的“皮袄”

海冰这个海洋的“皮袄”既能阻碍海水运动，又能调控海水“体温”。遇到固态海冰后，潮汐、海流、海浪等海水运动会减弱。海冰隔在空气与海水之间，阻碍两者进行热量交换。而且，海冰具有热传导性差、太阳辐射反射率大、溶解潜热高等特点，有控制海水温度的作用。因此，极地海水“体温”常年只在1℃内波动。

提供淡水资源

海冰以淡水成分为主，可以加以利用吗？海洋中每年来自南极的冰山数以万计，是全世界年用水总量的5倍多。若中东地区拥有一座2.5立方千米的冰山，便可解决100万人两年的生活用水，而且花费极少。将海冰转化为淡水资源，已经提上议事日程。

海冰的破坏力

海冰也是海洋灾害之一，会对海洋工程设施、海上航行等造成威胁。

体积较大的海冰在风与海流助推下，能产生巨大摧毁力。一块高1.5米、6千米见方的冰块，不需多大风力和流速助推，便能推倒4 000吨的物体，从而对石油平台等海洋工程设施产生严重威胁。海冰破坏力还来自其膨胀产生的力量，这种力量能毁坏船只。当海上建筑物不幸被固体冰冻结，潮汐起伏赋予海冰竖向力，建筑物的根基就可能因此破坏。

冰　山

冰山是露出海面高度在5米以上的巨大冰块。

冰山在辽阔的大洋上浮动，壮观而暗藏寒气。它们来自极地，是汹涌的海水将其冲离母体冰川，载运着它们随波漫游。冰山千姿百态，平顶的、圆顶的、倾斜的、塔或山峰状的，不一而足。北极海域，常见金字塔形冰山；南极附近海域，冰山多为桌状。切不可轻视这“冰山一角”，因为其水下体积要大得多，尖顶时水下体积是水上体积的3倍，平顶的甚至可达7倍。

冰山活动范围主要在北冰洋和南大洋。在北冰洋，冰山随北冰洋环流漂流不止，有的已旅行30多年。有的恰巧撞入格陵兰东岸，又可随海流进入大西洋。格陵兰岛附近和纽芬兰海域也多见冰山，南大洋更是冰山的世界，这里的冰山在数量和体积上都超过北半球。冰山从南极洲沿岸出发，纷纷向北漂散。

1912年4月14日，号称“永不沉没”的英国豪华游轮“泰坦尼克”号在北大西洋撞上冰山，倾覆海底。

令人担忧的现状

海冰与气候是相互影响的，海冰生与消受海洋气候的影响，反过来它们又影响气候。从海冰数量和存在情况可以窥出气候状况，而气候的变化势必导致海冰变化。

2009年，科学家们发现南极的威尔金斯冰架正在崩解。气候变暖、极地冰雪融化，地球将发生天翻地覆的变化。大洋冰界后退，海平面则升高，人类生存的某些陆地将被淹没、归于海洋。

海洋灾害

Ocean Disasters

激战的巨浪，上下翻飞的水魔，台风、风暴潮、海平面上升、赤潮……种种极端的海洋现象，因自然的或人为的因素，给人类的生产、生活带来了灾难性的后果，一并归结为海洋灾害。它们因何而起，又为何而来？人类又将如何面对？在这里，且让我们一道揭穿海洋灾害的本质，一探究竟。

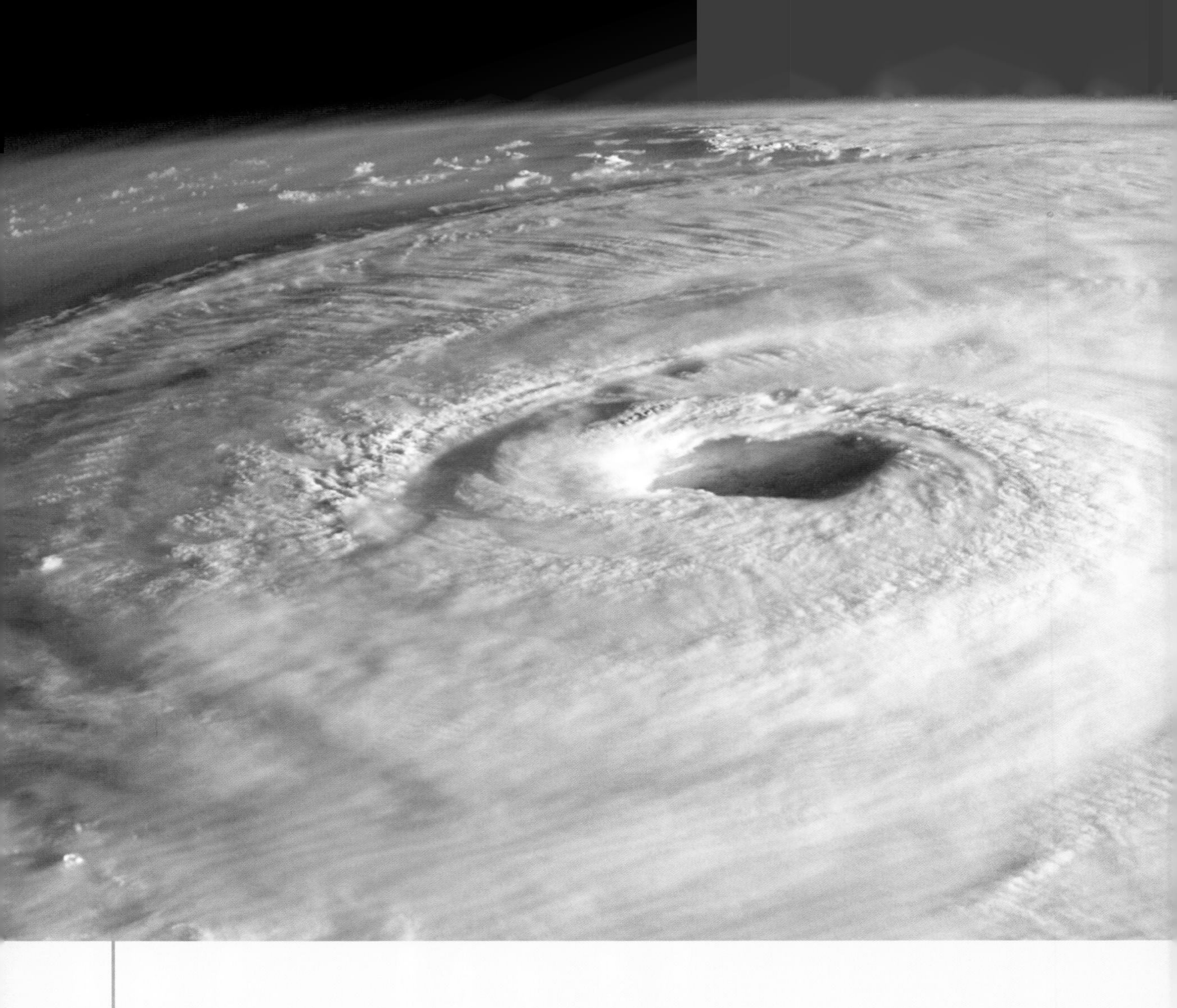

风暴之神——台风

台风是我们在电视里经常看到的海洋灾害，对于中国东南和南方沿海地区，台风更是“常客”，每年都会不止一次“造访”。台风威力强大，风力在12级以上，超强台风风力达16级以上。台风来临时大雨如注，激发风暴潮，令人望而生畏；当然，调剂地球热量、顺便缓解周边地区的旱情，也算它做的好事吧。

产生于热带洋面上的强烈热带气旋，达到一定强度后称为台风。按照发生时间和地点的不同，叫法也不同。在北大西洋两侧的欧洲、北美洲一带被称为“飓风”，在东亚、东南亚一带被称为“台风”；在孟加拉湾地区被称作“气旋性风暴”；在南半球则被称为“热带气旋”。

台风经过时，会伴随有暴雨或特大暴雨等强对流天气。在北半球地区风向呈逆时针（在南半球则为顺时针）旋转。在天气图上，你会发现标注台风的是一组组近似同心圆，那是台风的等压线和等温线。台风中区和台风眼简直是两个世界——台风眼区为低压中心，以气流的垂直运动为主，风小甚至静风，天气晴朗；台风眼外的台风中区，又称台风眼壁或台风云墙，为旋涡风雨区，风急雨大。

五花八门的名字

圆规、莫拉克、凡比亚、鲇鱼、海马、玫瑰……2010年的台风名称让人眼花缭乱。

最初，台风的名字全为女性，1979年才加入男性名字。2000年起，开始使用世界气象组织所属亚太地区的中国、柬埔寨、朝鲜、日本等14个成员提供的140个名字。

龙王（因成灾严重废其名，改为“海葵”）、悟空、玉兔、海燕、风神、海神、杜鹃、电母、海马和海棠，这10个特色鲜明的名字是由中国大陆提供的。

美丽的杜鹃、玫瑰、莲花等浪漫动人，

↑被台风破坏后的居住区

似乎与凶猛的台风不挂钩。然而，从另一方面来想，这样会让人更容易记住台风，并进行更有效的预防，也未尝不是一件好事。

台风来了，该怎么办？

人尽量不要在迎风窗口附近活动。另外，要疏通下水管，防止积水。拴紧门窗，减少外出。若要外出，行走尽可能避开地下通道等易积水地区。尽量避免在河边和桥上行走。远离危旧房屋、临时建筑、广告牌等容易造成伤亡的地方。

杀人魔王——风暴潮

“大风起兮潮飞扬”。沿海地区如果发现海风呼啸，海水水位异常升高，便要警惕风暴潮来袭，骇风巨浪推来一堵堵水墙，裹挟着巨大的破坏力，“一涌而上”，它会把人、船只等瞬间吞个精光。不管是台风风暴潮还是温带风暴潮，都来势汹汹，如果再与天文潮高潮重叠，那么潮灾就是不可避免的了。

风暴潮是由强烈大气扰动，如台风等引起的海面异常升高现象。风暴潮一来便要纠缠数小时至数天，通常叠加在正常潮位之上，而风浪、涌浪也会来凑热闹，三者结合引起沿岸海水暴涨，常常酿成巨大潮灾。

风暴潮爱在哪儿发威？

风暴潮爱在台风所经之处登陆。台风引发的风暴潮地域非常广阔，包括北太平洋西部、北大西洋西部、南印度洋西部、南太平洋西部诸沿岸和岛屿等区域。

在中国，有一种风暴潮往往在渤海、北黄海成灾。春、秋过渡季节，渤海和北黄海是冷、暖气团角逐较激烈的区域，由寒潮或冷空气所激发的风暴潮是显著的，由于寒潮或冷空气不具有气旋低压中心，因而这类风暴潮有另外一个名字——风潮。

↑风暴潮来袭

风暴潮来临时，我们该怎么办？

注意收看电视、收听广播和上网查询，及时了解各级预报部门发布的风暴潮预警报；如果是自己制定疏散路线，要事先和当地应急部门沟通，商讨路线是否合适；离开住所之前，要关闭所有设施的开关，如果时间允许，可以将家用电器放置在较高的位置上。

恐怖的海啸

当海底以各种力量——地震、火山、滑坡等撕裂海床，让海水发怒，海啸便以摧枯拉朽之势张牙舞爪而来，侵吞海岸、房屋和人群，带来浩劫。用恐怖来形容海啸，一点也不为过。

↑海啸发生时

↑海啸发生后

海啸就是由海底地震、火山爆发、海底滑坡或气象变化产生的海面大幅度涨落的灾害。巨大震动之后，震荡波会在海面上传播到很远的地方。

海啸的波速高达每小时700～800千米，在几小时内就能横跨大洋；波长可达数百千米，可以传播数千千米而能量损失很小；在茫茫的大洋里波高不足一米，但到达海岸浅水地带时，波长减短而波高急剧增高，可达数十米，形成含有巨大能量的“水墙”。

太平洋沿岸是海啸最常“光顾”的地方，其中造成伤亡和显著经济损失的平均每年一次。还有人认为，这个区域每18个月就要至少发生一次破坏性海啸。

中国海啸预警启动标准

海啸预警级别分为Ⅰ、Ⅱ、Ⅲ、Ⅳ级警报，分别表示特别严重、严重、较重、一般，颜色依次为红色、橙色、黄色和蓝色。

海在受到海啸的影响，预计沿岸验潮站出现高于正常潮位3米以上的海啸波高、300千米以上的岸段受到严重损坏、且危及人身财产安全，此时，发布Ⅰ级海啸警报。

在受到海啸的影响，预计沿岸验潮站出现高于正常潮位2～3米的海啸波高、局部岸段受到严重损坏、且危及人身财产安全，此时，发布Ⅱ级海啸警报。

在受到海啸的影响，预计沿岸验潮站出现高于正常潮位1～2米的海啸波高、且受灾地区有房屋、船只等受到损坏时，此时，发布Ⅲ级海啸警报。

在受到海啸的影响，预计沿岸验潮站出现高于正常潮位小于1米的海啸波高、受灾地区发生轻微损失，此时，发布Ⅳ级海啸警报。

海啸到来时如何逃生

海啸能够将人群瞬时吞没，在发生海啸时我们当然不能坐以待毙。

地震是海啸最明显的前兆。如果海洋中已有地震发生，不要靠近海边和江河的入海口。海上船只听到海啸预警后应该避免返回港湾，因为海啸在海港中造成的落差和湍流非常危险。看到离海岸不远的浅海区，海面突然变成白色，其前方出现一道长长的明亮的水墙，应该快速撤离。如果条件允许，应该备一个急救包，里面有足够72小时用的药物、饮用水和其他必需品。

“无边的大海像突然站了起来，并快步走到你的面前。”

2011年3月11日，日本本州岛东海岸附近发生9.0级地震。强震引发的海啸袭击仙台，并波及多国沿海。据海啸专家称，这次海啸为“日本有史以来浪头最高、影响范围最广的海啸”，达1.8千米宽，10米高，纵使日本东北沿岸绵延数百千米的世界第一防波墙也无力抵挡。

厄尔尼诺与拉尼娜

气候灾害家族里有两个捣蛋的孩子，它们是圣婴厄尔尼诺和圣女婴拉尼娜，它们搅动了世界气候，让本就莫测难辨的气候更加无常。它们一来，鱼群、庄稼等都要遭殃。让人这么不省心，就算是上帝的孩子，我们想爱也爱不起来了吧。

↑厄尔尼诺三维图

“圣婴”和“圣女婴”

厄尔尼诺在西班牙语中的意思是“圣婴”。为什么叫这个名字呢？原来，南美洲的渔民发现，隔几年，某一年的海水温度就会比往年高一些，他们的渔业资源——随寒流而来的鱼群就会遭受灭顶之灾。时间从当年的10月份延续至次年3月份，最严重的时候便是圣诞节前后，无可奈何的渔民便把它叫做上帝之子——圣婴。这个“小家伙”让太平洋东部、南美洲及中部赤道海域（秘鲁与厄瓜多尔）海水异常增温。

↑厄尔尼诺现象导致的干旱

“圣婴”让海水异常“发烧”后，往往在第二年，赤道附近东太平洋海水的温度又会比其他年份大幅降低，这种现象与厄尔尼诺不同，起名为拉尼娜——圣女婴。

上帝的儿子和女儿让地球海水冷暖无常，影响了世界气候。

它们在“捣蛋”

厄尔尼诺让南太平洋东部及沿岸水温异常升高，降水增多，太平洋西部变得干旱少雨，非洲撒哈拉沙漠异常干旱；厄尔尼诺把巨大的热量输往东太平洋海域，造成全球气候变暖；秘鲁渔场附近水温升高，鱼类大量死亡或南迁，以鱼类为食的鸟类也大量死亡。中国1998年发生的长江流域洪涝灾害，就是厄尔尼诺影响下发生的灾难。

↑2008年中国南方雪灾

拉尼娜一般与厄尔尼诺交替出现。它的发生机制正好相反，当赤道太平洋信风持续加强时，赤道东太平洋表面暖水被吹走，深层的冷水上翻作为补充，海表温度进一步变冷，从而出现拉尼娜现象。拉尼娜出现时，印度尼西亚、澳大利亚东部、巴西东北部、印度及非洲南部等地降雨偏多，在太平洋东部和中部地区、阿根廷、非洲赤道附近区域、美国东南部等地易出现干旱。2008年中国南方发生的雪灾，就与拉尼娜有着一定的关系，东亚地区环流异常，为中国北方冷空气南下创造了有利条件。

海岸侵蚀

海水与海岸相克而相依，达成了某种动态平衡。海洋动力作用，加上人为因素，若导致沿岸供沙少于来沙时，平衡被打破了，造成海岸侵蚀，海岸就成了一点点被吃掉的“沙饼”。海水不仅能侵蚀沙滩、土地，还能损坏护岸坝、房屋、海防工事和防护林。

海岸是怎么被吃的？

海岸被侵蚀，自然力和人力都脱不了干系。

自然之手，将海洋的“爱将”派出，让风、浪、潮、流各显其能，蚕食海岸。风暴潮期间，水位大幅升高，逗留时间有时达2~3天，这种风暴潮往往造成严重的海岸侵蚀。另外，海平面上升，使波浪作用的上限提高，原来处于平衡状态的海岸剖面，不再适应新的动力条件，从而塑造新的剖面，并改变沿岸的沉积过程，导致海岸侵蚀。除此之外，干旱指数的上升让河流流量大减，输沙量减少，也会造成海岸动态失衡。

人为因素也是海岸侵蚀的“祸首”。大量修建的水库、塘坝就是症结所在，这些水利工程拦截大量入海泥沙，河流入海输沙明显减少，海岸大量挖沙也使本来入不敷出的海岸泥沙更加亏空，从而使海岸侵蚀更加严重。不合理的海岸工程，还往往使其上游一侧淤积漂沙而下游一侧被侵蚀。

海岸侵蚀之手

海岸侵蚀还留下了副产品——海蚀地貌。曲径幽洞、嶙峋怪石、嵯峨巨岩，不一而足。具体来说，便是海蚀洞、海蚀柱、海蚀崖，松软岩石海岸形成的海蚀平台。位于青岛市的石老人景观即为海蚀地貌。

海岸保卫战

中国是海岸侵蚀最为严重的国家之一，有70%左右的沙质海岸线和几乎所有开阔的淤泥质海岸线均存在海岸侵蚀的现象，向海要地刻不容缓。

做我们所能做的——减少人为破坏，是第一招。采取保护海岸生态、禁止海岸采沙、限制沿岸地下水开采、调控河流入海泥沙、修建海岸护堤等各种措施，还要划定海岸侵蚀预警线。

↑海岸侵蚀地貌

↑青岛石老人景观

海平面上升

全球气候变暖，冰川融化，海水质量增多，增温产生热膨胀，都能导致海平面的上升。虽然这一过程缓慢，但一点点渐进式的蚕食，后果将是非常可怕的。近几十年来，全球海平面平均以每年约2.0毫米的速度上升，而中国沿海地区的海拔绝大部分低于5米，有的甚至只有1～3米，面积占全国总面积的15%，全国约70%以上的大城市、50%以上的人口和60%以上的社会总财富集中在此。海平面上升后，将使得风暴潮和洪涝灾害加剧，城市排污将变得困难，港口码头和仓库受淹的机会将加大，海堤等防御工程也将面临挑战。

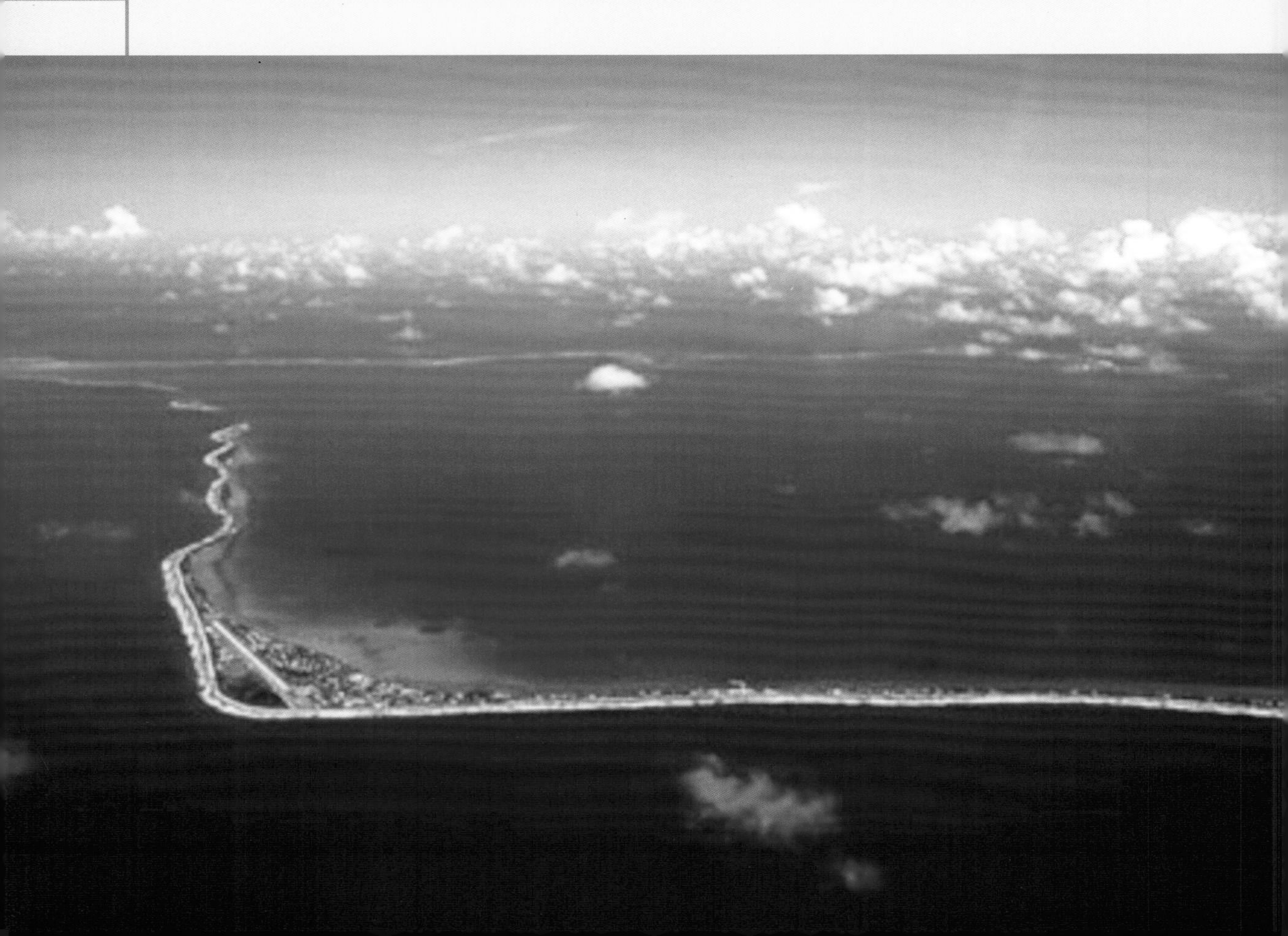

为什么会水溢大地?

海平面在一点点升高，海水漫漫而来，眼看要吞掉很多小小的岛国。多出的那么多海水来自哪里?

全球气候变暖是海平面上升的第一大因素，除此之外，还与自然界水循环发生改变、温室气体的排放、臭氧层被破坏有一定的关系。海水水温上升，让海水热膨胀。与此同时，地球两极海洋和大气的变暖使格陵兰岛和极地附近海域的冰盖开始消融，海平面就上升得更快了。

地壳的垂直运动和人为因素是海平面上升的另一个因素。沿海地区特大城市迅猛发展，密集的大型建筑物和过量开采地下水后，加剧了地面沉降，海平面相对上升。

中国的水尺零点位于青岛大麦岛验潮站验潮井口的水准标志“横安铜丝”下6米处。1985国家高程基准采用的是经青岛大港验潮站1950～1956年7年间验潮资料确定的黄海平均海平面，为2.429米。中华人民共和国水准原点位于青岛观象山，垂直距离距水尺零点72.289米。中国沿海海平面呈现南高北低的趋势，差值为（70±10）厘米，而中国沿海海平面为2.62米。

多少城市即将沉没?

联合国人类住区规划署在对全球城市所面临的气候变化威胁进行评估后指出，目前世界各地共有3 351座城市位于10米以下低海拔的沿海地区，如果全球变暖导致海平面继续上升，它们难免受到波及。

2008年，中国沿海海平面为近10年最高，预计未来30年，中国沿海海平面将保持上升趋势，30年后将比2008年升高约130毫米。长江三角洲、珠江三角洲、黄河三角洲和天津沿岸仍将是受海平面上升影响的主要脆弱区。而中国的上海、美国的纽约、泰国的曼谷、意大利的水城威尼斯等等，也将遭受海平面上升、地基下陷导致消失的威胁。它们一旦消失，世界的损失将是巨大的。

↑位于青岛大麦岛的中华人民共和国水准零点

我们怎么办?

对于海平面上升，环境专家们提出了不同的解决方案。他们普遍认为建设庞大的海岸防浪堤没有用处，而且成本太高。工业化国家先行采取措施削减二氧化碳排放是关注的焦点。2010年哥本哈根气候大会就是为达成一个协议而相聚的，以制定有关全球气候变暖的挽救措施，虽然达成了共识，但未达成实质性的协议。

作为地球上的普通一员，我们有责任爱护她，要低碳生活、少抽地下水，要更多地关注即将沉没的小岛。

斐济女代表泪洒哥本哈根

2010年哥本哈根大会开幕式后的第一场新闻发布会上出现了出乎所有人意料的一幕：一名斐济代表在谈到因海平面上升而面临消失危险的太平洋岛国时泪洒会场。

“我有一个希望，15年后我可以有自己的孩子，他们会有一个家。而那个时候我们还会有一个美丽的岛屿。”女代表哽咽地诉说。

↑岛屿被淹

↑美丽的斐济

海洋杀手——赤潮

赤潮之笔在大海的蓝色华服涂鸦，让她失去了清澈和活力。赤潮的形成和人类密切相关，人类的污染行为不仅伤害了海洋，更伤害了自己。赤潮是海洋向人类发出的警告牌。我们不禁要问：是什么让赤潮有了张牙舞爪的契机？我们对赤潮就束手无策吗？别急，给你一一道来。

红色幽灵

赤潮通常指的是海洋中的一些单细胞藻、原生动物或细菌在短时间内突发性增殖或高度聚集而引起的水体变色或对海洋中其他生物产生危害的一种生态异常现象。

引发赤潮的生物

赤潮不仅仅是红色的，它只是一个历史沿用名。引发赤潮的生物种类和数量的不同，会使水体呈现不同的颜色，如中缢虫、夜光藻形成的赤潮呈红色或粉红色；真甲藻、绿色鞭毛藻形成的赤潮呈绿色；短裸甲藻形成的赤潮呈黄色；某些硅藻形成的赤潮呈棕色、灰褐色。另外，某些赤潮生物并不引起海水变色，但它们可使鱼类和贝类等海洋生物体内含有赤潮生物毒素。

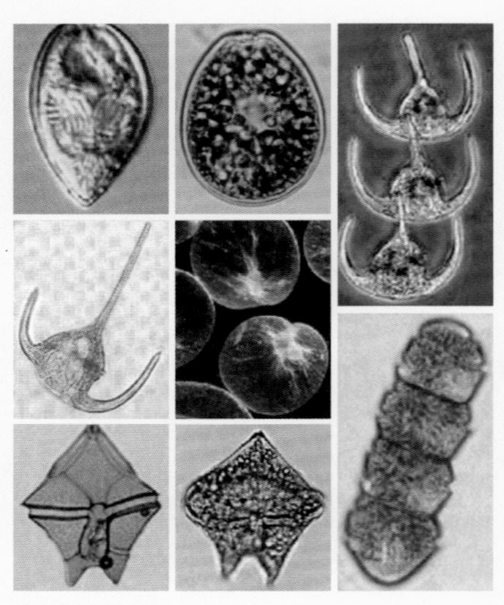

↑赤潮生物

为什么会有赤潮？

一个和谐的海洋生态系统是不会让“红色幽灵”嚣张的，那么，是什么让赤潮有了张牙舞爪的契机？第一，含有大量有机质和丰富营养盐的废水及生活污水排入海洋，造成近岸海域水体富营养化。第二，海域中有引发赤潮的“种子”。海洋中有330多种浮游生物能形成赤潮。目前在中国沿海海域的赤潮生物约有150种。第三，一般在海潮流速缓慢、水体交换差、天气情况稳定、风力较小、湿度大、气压低、阳光充足时，赤潮开始酝酿。最后，还需要有适宜的水温和盐度。一般来说，表层水温突然升高、海水盐度降低时，会促进赤潮的发生。在水体交换差的封闭海域，赤潮一般发生于雨过天晴之后。

赤潮的危害

赤潮生物有的有毒，有的无毒。有毒赤潮生物分泌毒素，贝类生物吞食它们后，毒素就沉积在其内脏中，含有毒素的贝类被人们食用后就可能引发中毒。有毒赤潮生物还会产生某些化学物质，刺激人的眼睛、鼻腔及皮肤，人们也会因吸入带有这些化学物质的水汽而呼吸道不适。

有的赤潮生物虽然没有毒，但也一样会祸害海洋。赤潮生物死亡分解时会消耗大量溶解氧，海里的鱼、虾会因缺氧而死亡。有些赤潮生物分泌的黏液会堵塞鱼的鳃丝，使其窒息死亡，导致渔业减产。

海水变色让海洋“变丑”，滨海沙滩或开展水上运动的风景区会因赤潮的发生而大打折扣，也使人们的海上休闲、娱乐活动受到影响。

我们能做什么？

赤潮的发生，我们每个人都有责任。我们要尽己所能还大海一片清澈。从现在开始，请选用无磷洗涤剂，减少含磷废水排放入海；生活中注意二次利用淘米水和洗菜水；要控制污水入海量，防止海水富营养化。

↑2008年发生在青岛的浒苔现象

浒苔现象是赤潮吗？

2008年6月青岛浒苔现象引起全国关注，那么浒苔现象是赤潮吗？

答案：不是。浒苔属于绿藻门，是多细胞植物，与单细胞藻类相比，算得上是“庞然大物”。而引发赤潮的生物是某些海洋单细胞藻类，偶尔也有单细胞的原生动物。

虽然相似，但是两者并不一样。

海洋与人类

Ocean and Mankind

滔滔江水一路浩歌，千川归海。海洋用她包容万物的胸怀贮藏力量。21世纪是海洋的世纪，力量的释放需要人类的智慧开发，更需要以穿针引线的耐心还一尾尾鱼一个清澈和谐的家，它们不希望看见污染、受高温煎熬、被过度捕捞，它们希望海洋与人类相爱，海洋给人类以宝藏，人类给海洋以善待之心。

海洋环境

朗朗苍穹下，海洋这片蓝色锦缎蕴蓄着无数沧桑。在人类还未出现时，地球就已默默孕育了大海的情韵。人类长大成熟后，顺着射入海底的阳光，发现了金色的诱惑。海洋环境因人类对财富的渴望发生着巨大变化。

↑美丽的海洋环境

海洋给最初的生命以庇护。她是水循环的起点，降水和径流编织的水循环系统，润泽着生物繁衍生息。她也是气候调节器，海洋使气温变化变得温柔，为生命提供着更舒适的环境。

↑被污染的海洋

海洋水温在垂直方向上有着截然不同的特征。在2 000米以浅的水层内，水温从表层向下层降低得很快，而2 000米以深的水温几乎没有变化。这可以使对温度有着不同喜好的生物分别找到适宜的居所，生物多样性便有了保障。海水在给人类提供盐类资源的同时，盐度的差异也对密度流的形成具有重要作用。

各种力量让浪花盛开。海浪、潮汐、海流在海洋中各展其能。海浪让海上航行更加刺激，也能在一瞬间将航船吞没；潮汐发电早已成为现实；海流流转输送着水分、热量、营养盐，载运随流浮游的生物，它们不仅影响着鱼类的繁衍和洄游，还直接影响着气候特征和天气变化。

海洋与人类息息相关。海洋蕴藏着极其丰富的矿产资源、生物资源和动力资源，一如既往地给予我们蔚蓝色的恩泽。但是，人类对海洋的开发越来越成为海洋难以承受之痛。有研究显示，有17种人类活动已对全球41%海域的海洋环境造成了破坏。

气候变化、污染、酷渔滥捕和海运成为海洋环境的四大杀手。全球气候变暖，两极冰川融化，海平面上升，都可能使生命受到伤害，甚至可能造成人类的毁灭。人类的活动在不同的层级上不同程度地影响着海洋环境；污染使赤潮频繁发生，赤潮这块毡毯下的海洋生物受到威胁；石油污染后的海面，漂浮的油膜会抑制海水蒸发，海洋将出现类似沙漠的气候特征，严重时会丧失对气候的调节功能，引起气候恶变；作为人类食物、药物和各种材料来源的海洋生物的数量因海洋污染逐渐减少；航船上的各种化学涂料，溶入海水后进入食物链，在生物体内累积、放大，致害海洋生物……

海洋佑护着生命，为人类奉献了太多太多，却要默默承受着人类带给她的污染和威胁。对海洋的拯救就在当下，需要我们每一个人共同努力，也需要我们每个人勇于担当。

↑海洋生物

海洋宝藏

海洋动物、植物、微生物组成了广袤海洋中充满生机的庞大水族。世界各大渔场是资源丰富的“鱼仓”。海洋药物种类繁多，各显奇效。海床和底土的石油、天然气、多金属结核和热液硫化物等蕴藏丰富，是人类的“聚宝盆”。海洋中的潮汐、海浪、海流、温差一样能被驯化，为人类带来无穷能量，把世界点亮。

海洋生物资源

海洋及其海岸带是生物多样性的伊甸园，海洋动物、植物、微生物种类繁多，为人类提供着食物来源。有经济价值的鱼类和其他水生动物在特定海域集群，适宜于人类捕捞的海域叫做渔场。

北海渔场因北大西洋暖流与北冰洋南下冷水交汇形成，年平均捕获量在300万吨左右，约占世界捕获量的5%。北海渔场有自己的近忧，因受油轮、油管经常漏油的影响，近些年来该海域已被严重污染。

纽芬兰渔场曾号称“踏着水中鳕鱼群的脊背就可以走上岸”，但20世纪五六十年代，无视鱼类是否处于繁殖季节，运用大型机械化拖网渔船在渔场夜以继日地作业，使该渔场没有了往日的辉煌。2003年的纽芬兰海域已没有了往日的生机，加拿大也彻底关闭了纽芬兰及圣劳伦斯沿岸的渔场。

秘鲁渔场的形成很大一部分是拜秘鲁寒流所赐。在常年盛行的南风和东南风吹拂下，秘鲁沿岸表层海水偏离海岸，下层冷水上泛，在给海水降温的同时也带来了大量营

国际海洋生物普查计划

国际海洋生物普查计划历时十年，终于在2010年发布了全球首份海洋生物“户口”普查报告。海洋生物物种总计约100万种，其中约25万种是人类已知的海洋物种，而生活在北冰洋、南极洲和东太平洋海域未被深入考察的约75万种海洋物种是人类所知之甚少的。它们大多是甲壳类动物和软体动物，其中有1 200种已认知或已命名，新发现待命名的物种约5 000种。普查也发现，一些海洋物种群体正逐步缩小，甚至濒临灭绝。

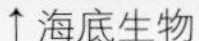
↑海底生物

↑海洋中的鱼群

养物质。但是近年来的厄尔尼诺现象很是让秘鲁渔场头疼。渔场海水异常升温，大量鱼群以及专食鱼类的鸟类相继死亡。

只有日本北海道渔场，亲潮寒流与日本东北岸外的黑潮暖流交汇扰动海水，带来充裕的饵料，加上寒暖流形成的“水障”，导致鱼群在此相对集聚，使该渔场一直维持着较充足的资源量。

为了让海洋中的鱼类有充足的繁殖和生长时间，每年在规定的时间内，禁止任何人在规定的海域内捕捞，以保护鱼类生长，并形成制度，就是休渔制度。休渔制度因地制宜，在各海区、海域都不同，甚至每年都会有些变化。休渔制度的实施，使鱼苗得到了有效的保护，对于资源的恢复有着十分重要的意义。

追忆海洋药物开发的悠久历史，会发现中国是最早利用海洋药物的国家。《神农本草经》、《本草纲目》、《本草纲目拾遗》一脉相承，但早年的资料散见于相关文献中，系统的阐述不多见。2009年，由中国海洋大学管华诗院士主持编纂的《中华海洋本草》问世，这是国内首部大型海洋药物经典著作。

海洋里有很多具有独特营养价值、含有众多生物活性物质的海洋生物，成为海洋药物研究和开发的宝库，不愧为人类的天然药箱。目前，中国已成功地从海洋动植物体内提炼、制得多种新型海洋药物。通过从海洋生物体内筛选、提炼的新型抗HIV药物、抗老年痴呆药物，已在研发中。海洋蕴含的海洋药物种类繁多，已发现的实可谓九牛一毛，还有更大的潜力有待发掘。21世纪是海洋的世纪，蓝色药业前景广阔。

↑海参

↑鲍鱼

海洋药物

心脑血管药物、抗癌药物、抗微生物感染药物、愈合伤口药物和保健药物是海洋药物的五大类。

海洋矿物资源

亿万年前，大洋底部喷“金”吐“银”，为人类留下了丰厚的海底矿藏：砂矿、石油、天然气、多金属结核、可燃冰……海洋静默无言，为地球儿女守护千万年沉淀下的珍宝，只等人们去发现。

滨海砂矿

当你在海边散步时，你会想到在离你不远处的砂层中就可能埋藏着丰富的稀有矿藏吗？原来金刚石、砂金、砂铂、钛铁矿、石英、锆石、独居石以及金红石等都会在滨海地带富集成矿。

浅黄，天蓝，黑，玫瑰红，海砂中的金刚石灿烂夺目，多被打磨成宝石，其最大用途却在于可以制成钻头，用于勘探和加工光学仪器。石英中的硅是一种半导体材料，可作为整流元件和晶体管的理想材料。海底砂开采中也许还会遇到意外的闪光——金，砂金常常与磁铁砂等相伴而出。

滨海砂矿储量丰富，仅中国就有砂矿床191个，总探明量达16亿多吨，矿种多达60多种，几乎世界上所有海滨砂矿的矿物在中国沿海都能找到。

↑多金属结核

↑独居石

大洋富矿多金属结核

大洋盆地分布着丰富的多金属结核，它们浑身是宝，内含50多种金属元素。其中，所含的金属锰可用于坦克、钢轨等的制造；所含的金属镍可用于制造不锈钢；所含的金属钴可用来制造特种钢；所含的金属铜可用于制造电缆；所含的金属钛应用于航天工业，有“空间金属”的美称。

“陆上寻不见，遥看大洋底。”广泛发现于洋底的多金属结核是“镇海之矿”，其中铜、钴、镍等是陆地上紧缺的矿产资源。大洋底部多金属结核总储量估计在3万亿吨以上，北太平洋分布面积最广，储量占一半以上。多金属结核富集的地方，每平方米就有100多千克，简直是一个挨一个铺满海底。

多金属结核不仅储量丰富，而且还在不停地生长，平均每千年长1毫米。依此推算，全球多金属结核每年增长1 000万吨，这对世界工业来说，不能不说是个好消息。

能源新秀——可燃冰

人类寻找能源的“雷达”早在20世纪70年代就追踪到海底。美国地质工作者在海洋中钻探时，发现了一种看上去像普通干冰的东西，当它从海底被捞上来后，很快就成为冒着气泡的泥水，而那些气泡却意外地被点燃，因为这些气泡里的气体就是甲烷。于是，这种类似干冰的东西被称为“可燃冰”。

“可燃冰”的学名叫天然气水合物，是甲烷、乙烯等可燃气体与水在低温（0℃～10℃）高压（50个大气压以上）环境下生成的冰晶状固体化合物。据测试，1立方米的可燃冰如果完

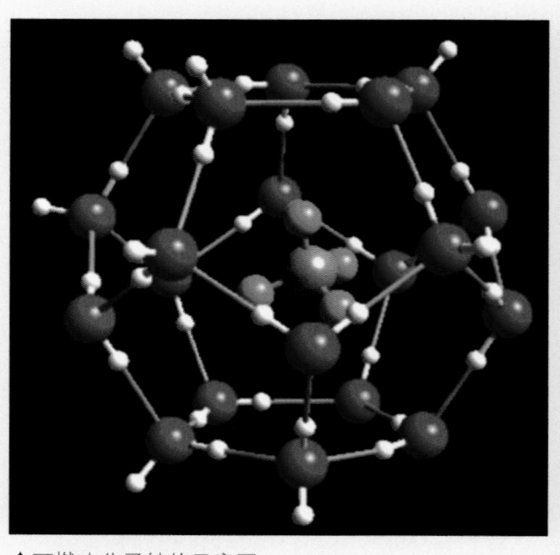

↑可燃冰分子结构示意图

↑可燃冰

↑中国制造的浮式生产储油卸油装置

全分解，可释放出150立方米的天然气。因此，它被认为是21世纪最理想、最具有商业开发价值的新能源。

中国、美国、加拿大、日本、印度、韩国、挪威等已经开始各自的研究计划，让可燃冰造福于世已指日可待。

石油滚滚气腾腾

海洋是石油和天然气的另一个聚宝盆。近40多年来海上石油勘探工作查明，海底蕴藏着丰富的石油和天然气资源。

目前，海上油气田总数已超过500个。波斯湾、马拉开波湖、北海成为海底石油开采产区的“三巨头”。仅波斯湾和马拉开波湖的石油储量就占世界海底石油总储量的约70%。

从第一个沉睡的油气源被“叫”醒起，人类开采海底油气源的脚步就未曾停止。从建造固定平台到“深海采油工”的海底采油装置，采油设备和方法不断完善。毕竟，石油和天然气是工业的“血液”和“氧气”。

海洋动力能源

浩瀚无垠、运动不息的海水，拥有巨大的可再生能源。可以通过各种方法将潮汐、波浪、海流、温差、盐度差转变成电能、机械能或其他形式的能量。世界海洋能的蕴藏量为750多亿千瓦，其中波浪能占93%，达700多亿千瓦，潮汐能10亿千瓦，温差能20亿千瓦，海流能10亿千瓦。这么巨大的能源资源是目前世界能源总消耗量的数千倍，这样看来，世界的能源未来将倚重海洋。

潮汐能

潮汐能就是潮汐运动时产生的能量。早在唐朝，中国沿海地区就出现了利用潮汐来推磨的小作坊。11～12世纪，法、英等国也出现了潮汐磨坊。到了20世纪，潮汐能的魅力被世界发现，人们开始利用海水上涨下落的潮差能来发电。位于浙江温岭的江厦潮汐试验电站是中国潮汐发电的国家级试验基地，总装机容量为3 900千瓦。

↑浙江温岭江厦潮汐试验电站

波浪能

波浪能主要是由风的作用引起的海水沿水平方向周期性运动而产生的动能以及波浪起伏的势能。波浪发电是波浪能利用的主要方式。据估计，全世界有近万座小型波浪发电装置在运转，仅日本就有1 500多座。有些国家已开始研制中、大型的波浪发电装置。

海流能

持续不息的海流在其“漫游”的同时，也为我们提供了获得能量的契机。海流能蕴含在流动的海水中，能量密度大，给力稳定。海流发电也受到许多国家的重视。美国、日本、加拿大等国在大力研究试验海流发电技术。中国的海流发电研究也已经有样机进入中间试验阶段。

海水温差能

在许多热带或亚热带海域终年形成20℃以上的垂直海水温差。利用这一温差可以实现热力循环并发电，足以转换为20亿千瓦的电能。目前在世界温差能领域，以美国和日本的技术最为先进，两国先后研建了一些示范性温差能电站，如开环路温差能电站等，而闭环路的温差能发电的前景更为广阔。

海洋运输

今日，众多的超级巨轮在海洋中驰骋。穿越历史找寻，它的祖先不过是翩跹的一叶小舟。从扁舟到巨轮远航，经历了技术的创新、勇敢的进取，世界经济也在惊涛骇浪中步步向前。

↑海上货轮

从过去到现在

人类的祖先刳木为舟，借用树木、葫芦艰难过河。中国夏朝到春秋时期，木板船开始应用于运输和战争，不畏艰险的徐福船队东渡日本，浩浩荡荡的西汉海船远航印度洋……西方的风帆船则在古埃及应运而生，造福于海上贸易。

公元前4 000～前2 000年，地中海水域崛起了腓尼基、迦太基、希腊、罗马等海上强国。腓尼基和迦太基先后建立沿海贸易商站，控制航线，垄断海运；古希腊人鼓励海运，大量贸易船只出现；古罗马专营粮食运输，对东方货物征收关税。

到了中世纪，意大利用武力占领航线要点，垄断航运；英国则用差别关税和航海条例保护本国海运；中国唐朝后期对外国商船开放，宋朝的"饶税"政策加快了远洋船舶的周转。这个时代，中国航海业全面繁荣、海上丝绸之路远达红海与东非之滨。到明代永乐至宣德年间，郑和率领远洋船队，先后七次下"西洋"，造访亚非多国，其船队规模之大、船舶之巨、航路之广、航技之高在当时无与伦比，在整个人类航海史上竖起了一座丰碑。

历史的大钟转到了十五六世纪，地中海逐渐被冷落，大西洋则热闹起来，世界市场开始形成。西班牙和葡萄牙的三大海上探险活动确立了它们的海运强国地位。18世纪末19世纪初的工厂制度和大机器生产的巨大需求，使海运业大大发展。19世纪初，美国黑球轮船公司开始了近代的班轮运输。

↓帆船

↑客轮

↑货轮

20世纪以来，现代造船业不断发展，集装箱船舶、自卸船、“海上巨无霸”油船、破冰船等在海洋上你来我往，海上运输更加繁忙，为世界贸易注入新的动力。

20世纪下半叶，海洋运输业日新月异。

船越来越大。在20世纪60年代，1万载重吨的船就可称为“万吨巨轮”，2000年末世界上拥有10万载重吨的超大型油轮数百艘，包括3艘50万载重吨的特大型油轮。

船越来越专业。客船、货船和油船不再形单影只，近20年来，集装箱船、滚装船、液化气船等专业化特种船舶迅速增多。

船越来越快。速度30节以上的小型高速气垫船、水翼船、水动力船、喷气推进船快速研制并大量投入使用。当前的集装箱船速度为25～30节，大约比过去的普通货船快一倍。

船越来越高级。计算机无处不在，从船舶在机舱设置集中控制室到出现无人值班机舱和驾驶台对主机遥控遥测，船舶机舱自动化成为趋势。全球定位系统（GPS）使得精确航行实现；船用雷达则大大减少了因船舶识别和避碰决策失误引起的事故；全球海事遇险与安全系统（GMDSS）还能提供紧急与安全通信业务和海上安全信息的播发，以及进行常规通信。

海洋运输由海上暴力、保护主义筑起的壁垒被开放、自由的国际现代化独立产业所取代，世界人民共享海洋，让世界财富在国际航线、世界港口、现代化船舶中熠熠生辉。

运输业巨头

海洋对于世界运输业的意义有多大？看看数字就明晓许多——海洋运输贡献了国际贸易总运量中的2/3以上；对于中国，进出口货运总量的约90%都是利用海上运输。石油、铁矿石进口等主要靠海洋运输；中国煤炭进口持续增长，海运业作为国家能源储备战略的支撑无可替代。

海洋运输被称为运输业巨头，绝非空穴来风。随着船舶日趋大型化，超巨型油轮等大展身手，载运量是其他运输工具无法比拟的。海洋运输的国际性，让世界连成一体。当然，海洋运输也有其不可回避的缺点。与航空、铁路和公路运输相比，海洋运输速度最慢，风险也很大，台风可能一下就把轮船吞掉，海盗的侵扰也让海运业不得安宁。随着技术的进步，趋利避害，让海洋运输最大限度地发挥优势，是未来的发展趋势。

中国主要有5家从事航运业的中央直属企业——中远集团、中海集团、中国长航集团、中外运集团和招商集团下属的招商轮船。

海洋污染

如果你在海边有一座房子，面朝大海，清晨推开窗，你希望扑面而来的海风是带着微咸的海腥味，还是浓重的汽油味？你希望你眼前的大海洁净湛蓝，还是黑乌乌毫无生气？答案不言而喻。海洋包容万物，甚至一度用它强大的自净能力宽恕了来自人类的污染，但是海洋污染日益严重，污染物让往昔纯净的海洋灰头土脸。保护海洋，没有犹豫的时间。

↑墨西哥湾石油泄漏

↑日本福岛核电站

↑发生爆炸后的日本福岛核电站

石油及其制品，各种重金属，有机氯化合物，有机物质和营养盐类，放射性物质，固体废物，废热，这些都上了国际黑名单。在这些污染源中，以石油对海洋破坏最大。河流输送或直接向海洋注入的各种含油废水，海上油船漏油、排放和油船事故，海底油田开采溢漏及井喷等，让黑色灾难一次次发生。

汞、镉、铅、锌、铬、铜等重金属通过工业污水、矿山废水的排放，煤和石油在燃烧中释放出的重金属经大气的搬运等渠道进入海洋。

农业上大量使用的灭虫剂、除草剂含有机氯等成分，工业上应用的多氯联苯等具有很强的毒性，排入海洋后，会通过食物链进入人体。

工业生产过程中排放的油脂、糖醛、纤维素，以及化肥的残液等物质进入海洋后，海水容易富营养化，赤潮会趁机生成，大量消耗海水中的氧气。工业和城市垃圾、船舶废弃物等也是污染物之一，这些固体废弃物严重损害近岸海域的水生资源和破坏沿岸景观。

核武器试验、核工业和核动力设施会释放出一些人工放射性物质，据估计目前进入海洋中的放射性物质总量为$7\times10^{18}\sim22\times10^{18}$贝可。它们在海水中的分布很不均匀，在放射性较强的海水中，海洋生物通过捕食或体表吸附进入体内，会经食物链富集，含有放射性物质的海洋生物被人类食用后，可能造成损害。

日本福岛核电站是目前世界上最大的核电站，由福岛一站、福岛二站组成，共10台机组，均为沸水堆。2011年3月11日受地震及地震引发的海啸的影响，福岛核电站发生爆炸后出现泄漏，含放射性物质的积水流入海洋后，污染了福岛周边海域。2011年4月12日，根据国际核事件分级表，日本原子能安全保安院将福岛核事故定为最高级7级。

百川入海，日复一日，海洋不停运动，海洋自净的底线早已遭到人类排出巨量污染物的挑战。海洋并不是藏污纳垢的地方，而是需要我们保护的水体。防治海洋污染，刻不容缓。

保护海洋

每个人的心中都有关于海洋的蔚蓝色诗行，对海洋的热爱是刻骨铭心的，她总能让我们躁动的心平静，让我们安逸的心振奋，不仅如此，发现、探究海洋，又充满了乐趣和挑战。海洋的痛牵动着我们的心，那是梦中的蓝色，不允许任何人破坏的神圣。为了这份热爱，邀请你和我们一起来保护海洋。

我们的纪念日

World Oceans Day

保护海洋，没有时限，也不论地点。爱我们的蔚蓝色故乡，不能光喊口号，还要有行动，选定一个日子，让人们的目光都集中到海洋，虔心为海洋做哪怕一点小事。海洋日、海洋宣传日、海洋节是我们与海洋相约的日子。

世界海洋日：世界海洋日是每年6月8日，2009年，联合国第一次庆祝海洋日。

“人类活动正在使海洋世界付出可怕的代价，个人和团体都有义务保护海洋环境，认真管理海洋资源。” 时任联合国秘书长潘基文在致辞中这样关切海洋。

世界上很多海洋国家和地区都有自己的海洋日，如欧盟的海洋日为5月20日，日本则将7月份的第三个星期一确定为“海之日”。英国将8月24日定为海洋节，并邀请各国参加。在中国，“全国海洋宣传日”与世界海洋日遥相呼应。海洋知识竞赛、海洋人物评选、海洋书画摄影展等等，各种活动缤纷多彩，寓教于乐。

世界海事日：世界海事日是国际海事组织设立的纪念日，具体日期由各国政府自行确立，国际海事组织推荐设立于每年9月最后一周的某一天。彰显该组织和航运业共同关注的焦点问题是这个日子的特殊含义。

2005年，中国为纪念郑和下西洋600周年，决定将中国纪念世界海事日的具体实施日期定于每年的7月11日，并命名为“航海日”。

海洋节日：世界上很多国家都有自己的海洋节日。每年的5月22日是美国的海运节，以示纪念第一艘美国蒸汽机船“萨瓦那”号首次横渡大西洋这一壮举，并且一直沿袭至今。另外还将每年10月的第二个星期一定为哥伦布日，以纪念哥伦布在美洲登陆。日本将每年的7月27日定为蓝海节。除此之外，还有安哥拉的渔民岛节、菲律宾的捕鱼节、巴西的海神节、希腊的航海周等。每年7月，中国青岛都会举行青岛海洋节；中国海洋文化节在浙江岱山县已成功举办了3届。全民参与、全民关注，这是海洋应有的礼遇。

行动是一切

为了保护海洋，我们走到了一起，像爱家一样爱海洋。

全球最大的海洋保护组织——世界海洋保护组织近日提出倡议，以100%的投入为保护海洋而战。世界海洋保护组织拥有一支由海洋科学家、经济学家、律师和世界各地倡议者等组成的专业队伍，发起了多项地区性及全球性的海洋保护项目，推动多国政府采取具体可行的政策，帮助减少海洋污染，确保海洋鱼类、哺乳类以及其他海洋生物的繁衍生息。

政府间海洋学委员会建于1960年，在加强海洋地质研究、进行系统海洋观测、加速相关技术的发展和转移、重视相关教育和培训等方面，起了关键作用。

国际海事组织是一个促进各国政府和各国航运业界在改进海上安全，防止海洋污染与海事技术合作的国际组织。

国际海洋科学组织是在海洋科学方面开展合作活动的两国或多国组织的总称，组建目的多是为海洋渔业服务，也有为区域性海洋测量、区域性海洋资源开发、区域性海洋环境保护及其他区域性专题研究而组建的。

绿色和平组织是一个国际性的非政府组织，总部设在荷兰阿姆斯特丹，其使命是保护地球、环境及其各种生物的安全及持续性发展，并以行动做出积极的改变。

我们的约定

关于海洋，我们写下了约定，约好了便一定要去做，这是我们对海洋的承诺。

《联合国海洋法公约》是联合国主持制定的管理和使用世界海洋的国际公约，是迄今为止国际海洋法制度的最全面的总结，被称作当今世界开发利用海洋的“宪章”，它勾画了新的海洋秩序，影响了世界格局。该公约的制定和通过，标志着国际海洋秩序进入了一个新的发展阶段。

《联合国气候变化框架公约》是世界上第一个为了全面控制二氧化碳等温室气体的排放，应对全球气候变暖后可能给人类经济和社会发展带来不利影响的国际公约，是目前国际社会在应对全球气候变化问题上进行国际合作的基本框架。

在此基本框架下，1997年12月11日在日本东京签署了联手为地球“退烧”的《京都议定书》，2005年正式生效。目的是帮助发达国家实现减排，协助发展中国家实现可持续发展。由发达国家向发展中国家提供技术转让和资金，通过项目提高发展中国家的能源利用率，以减少排放，或通过植树造林增加二氧化碳吸收等。

《拉姆萨湿地公约》的正式名称为《关于特别是作为水禽栖息地的国际重要湿地公约》，公约的目的在于，防止湿地的进一步侵蚀及损失，保护湿地的动植物，特别是水禽。公约的缔约国在制定国土利用计划时，考虑对湿地的保护。

《防止海洋石油污染国际公约》是有关海洋环境保护的第一个多边公约，得到了各国政府的普遍承认。它标志着人类在防止海洋环境污染方面迈出了决定性的第一步。

除此，有关海洋环境保护的主要国际公约还有《国际防止船舶污染海洋公约》、《防止倾倒废物及其他物质污染海洋的公约》、《关于干预公海油污染事件的国际公约》等。另外，很多区域性的公约也已制定实施。

保护海洋环境、防止污染海洋环境已成为人类共同遵守的准则和共同担负的使命。

满怀深情，再次凝望这片无际蓝野，你会不会从心底涌起一股来自远古的纯粹情意？像一滴水在海洋怀念它曾经的家——那个温暖的怀抱。人生若只如初见，与海洋的初次相识，你默默记住了些什么？是她的惊心动魄、娴静纯美，还是她的庇护恩泽？

海洋雍容阔纳万千河流，这面硕大的蓝色华镜映照亘古闪亮的月色星辰。涵珍吐瑞，蕴芳藏华，海洋不仅孕育生命，还无怨无悔给予我们最珍贵的财富。蓝海涌动，探索海洋之梦冉冉升起……

致　谢

本书在编创过程中，中国海洋大学的刘邦华同志、中国海洋大学极地海洋过程与全球海洋变化重点实验室的矫玉田同志、青岛乐道视觉创意设计工作室、自由摄影人颜浩等在资料图片方面给予了大力支持，在此表示衷心的感谢！书中参考使用的部分文字和图片，由于权源不详，无法与著作权人一一取得联系，未能及时支付稿酬，在此表示由衷的歉意。请相关著作权人与我社联系。

联 系 人：徐永成

联系电话：0086-532-82032643

E-mail: cbsbgs@ouc.edu.cn

图书在版编目（CIP）数据

初识海洋/李凤岐主编．—青岛：中国海洋大学出版社，2011.5
（畅游海洋科普丛书/吴德星总主编）
ISBN 978-7-81125-684-0

Ⅰ.①初… Ⅱ.①李… Ⅲ.①海洋学-青年读物 ②海洋学-少年读物
Ⅳ.①P7-49

中国版本图书馆CIP数据核字（2011）第058402号

初识海洋

出 版 人	杨立敏		
出版发行	中国海洋大学出版社有限公司		
社　　址	青岛市香港东路23号		
网　　址	http://www.ouc-press.com	**邮政编码**	266071
责任编辑	邓志科　电话　0532-85901040	**电子信箱**	dengzhike@sohu.com
印　　制	青岛海蓝印刷有限责任公司	**订购电话**	0532-82032573（传真）
版　　次	2011年5月第1版	**印　　次**	2011年5月第1次印刷
成品尺寸	185mm×225mm	**总 印 张**	95
总 字 数	800千字	**总 定 价**	398.00元

畅游海洋科普丛书
GUIDEBOOKS TO THE OCEAN

畅游海洋

科普丛书

Hello Ocean
初识海洋
最值得珍藏的海洋科普丛书

Fantastic Islands
奇异海岛
最值得珍藏的海洋科普丛书

Amazing Marine Life
海洋生物
最值得珍藏的海洋科普丛书

Expedition &
航海探险
最值得珍藏的海洋科普丛书

Breathtaking Polar Regions
壮美极地
最值得珍藏的海洋科普丛书

Great Sea Battles
海战风云
最值得珍藏的海洋科普丛书

Probing into Ocean Depths
探秘海底
最值得珍藏的海洋科普丛书

Pleasant Tour of Ships
船舶胜览
最值得珍藏的海洋科普丛书

Charming Ports
魅力港城
最值得珍藏的海洋科普丛书

Education
海洋科教
最值得珍藏的海洋科普丛书